信息可视化
视觉语言分析与应用研究

王 晶／著

东北林业大学出版社
Northeast Forestry University Press
·哈尔滨·

图书在版编目（CIP）数据

信息可视化视觉语言分析与应用研究 / 王晶著 . —
哈尔滨：东北林业大学出版社，2022.4

　　ISBN 978-7-5674-2746-4

　　Ⅰ . ①信… Ⅱ . ①王… Ⅲ . ①可视化软件—研究
Ⅳ . ① TP31

　　中国版本图书馆 CIP 数据核字（2022）第 068354 号

责任编辑：许　然
封面设计：马静静
出版发行：东北林业大学出版社
　　　　　　（哈尔滨市香坊区哈平六道街 6 号　邮编：150040）
印　　装：北京亚吉飞数码科技有限公司
规　　格：170 mm×240 mm　16 开
印　　张：15.5
字　　数：246 千字
版　　次：2023 年 3 月第 1 版
印　　次：2023 年 3 月第 1 次印刷
定　　价：69.00 元

前言 /PREFACE

当代社会正处于经济和科技高速发展的时期,各种先进的技术被应用到生产以及生活之中,其中可视化技术就是其非常显著的体现之一。通过信息可视化,我们可以更加容易地分析数据,此时使用者能够非常直观地查看数据,进而得知其中隐藏的关系等。信息可视化设计是立足于科学、艺术学与设计学等多领域的交叉学科,也是近年来设计学研究的新方向。随着时代的进步,信息可视化设计将拥有无限发展的可能,成为当下与未来有关信息的工具和优秀的媒介。

为了帮助学习者提高信息的分析整合能力与设计表达能力,作者撰写了《信息可视化视觉语言分析与应用研究》一书。本书将全面介绍信息可视化设计的基础知识和一般性设计原则,并通过大量优秀案例的演示和佐证,这是初学信息可视化设计的必经之路,但本书的最终目的却不仅限于此。随着学习进程的不断深入,接触的案例越多,收获的便越多,作者希望,这些理论知识能够在大量的信息可视化设计的实践中不断升华,迸发新的光芒与动力。

全书共分为四章。第一章从理论研究方面入手,阐述了基本概念、信息可视化的发展、信息可视化用到的多学科理论,有助于读者加强对信息可视化的理解。第二章论述了信息可视化的设计原理,包括信息可视化设计的设计法则、组织原理、视觉原理与受众等内容。第三章的内容是视觉语言要素分析,分别对图形符号、字体、色彩、语义等要素进行了详细分析和探讨,并在最后以服药指导象形图为例给出了信息图形设计案例过程展示。第四章的重点是信息可视化在二维、交互界面及动态媒体等方面的应用研究。

本书从整体结构上来看,脉络清晰,从理论到实践,全面铺开论述。本书以信息可视化为研究对象,首先论述信息可视化的要素——视觉语言,然后论述信息可视化技术的应用实践问题,内容系统且具有层次。

作者在写作的过程中突出了以下特点:一是内容上具有全面性,涵盖了信息可视化相关的多方面知识,并通过提供相应的案例展示,比较有针对性地、细致地、深刻地对视觉传达设计与交互艺术的融合进行了分析与讲解;二是在实践上的适应性,将文字与应用案例更好地结合,使读者在阅读的过程中产生空间感;三是写作上的规范性,做到内容清晰、理论规范、章节合理、逻辑严谨。

本书在信息可视化视觉语言分析与应用研究方面具有探索意义和实践价值。作者在撰写的过程中参考和借鉴了大量的相关理论著作,虽然力求理论清晰、观点创新,但限于作者的视野和水平,虽然孜孜以求但仍远远不够,因此在撰写时难免会出现问题和不足之处,还请广大读者批评指正。

作　者
2021 年 11 月

目录 /contents

第一章
信息可视化的理论研究

当前,我们正处在一个瞬息万变的信息时代,网络技术的发展和移动智能终端的普及,让信息传播的媒介和大众的接受方式都发生了巨大的改变。海量的信息和知识无时无刻不被推送到我们的面前,面对信息超载的困境,信息可视化为人们提供了一个全新的视角去观察数据和信息,成为当下一种蓬勃发展的视觉设计形态。

第一节　信息可视化概述

　　以视觉的能力获取信息一直以来都被认为是最有效的信息获取方式,信息可视化正是利用了人类眼睛所具有的胜过其他感官敏锐度的特点,将各种各样庞杂的数据设计为与受众视觉习惯相匹配的可视化信息图,使受众可以在最短的时间内使用最少的视线移动捕捉到最多最全的信息,从而更加轻松地实现信息展示、传达与获取的目的(图 1-1)[①]。

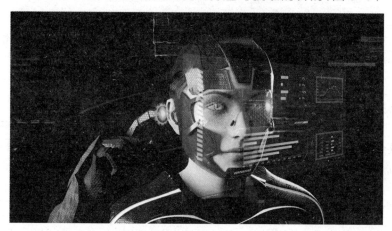

图 1-1　信息可视化

一、数据

　　信息化的本质是将现实世界中的事物以数据的形式存储到计算机系统中,即信息化是一个生产数据的过程。简单来说,数据是反映客观事物属性的记录,是信息的具体表现形式;而信息可以理解为数据中包含的有用的内容。

---

① 张毅,王立峰,孙蕾.高等院校艺术设计专业丛书:信息可视化设计 [M].重庆:重庆大学出版社,2017.

（一）数据的概念

数据是用来描述科学现象和客观世界的符号记录，是构成信息和知识的基本单元。它是独立的、互不关联的客观事实，人们将数据以一定的方式进行排列、统计或分析才使其有了意义。

（二）数据类型

根据数据分析的要求，不同的数据应采用不同的分类方法。

1. 定性数据和定量数据

传统的统计学把数据划分为用文字描述的定性数据和用数字描述的定量数据。如一家企业的所有制形式可以是国有、私营、股份制和外资等，或消费者对某场所提供服务的总体评价等，都属于文字描述的定性数据；如企业的净资产额、净利润额等，或消费者在某网站从订购至收到这些商品的天数以及消费者准备在未来的 12 个月内花多少钱去购买家用电器等，都属于数字描述的定量数据[①]。

2. 离散型数据和连续型数据

若我们所研究现象的属性和特征的具体表现在不同时间、不同空间或不同单位之间可取不同的数值，则称这种数据为变量。变量有离散型和连续型之分。离散型变量的数据是可列的，如一家公司的职工人数、某地区的企业数等。连续型变量的数据可以取介于两个数值之间的任意数值，如销售额、经济增长率等。定性数据只能是离散型的。例如，对问题"你最近持有股票吗？"的回答，就仅限于简单的是或否。再如，对某商品公司调查中的问题："在未来的 12 个月内，你是否打算在本商店购买其他商品？"其回答也是如此。定量数据既可以是离散型的也可以是连续型的。如对"你现在订阅了几份杂志"的回答是离散型的，对"你的身高是多少米"的回答及对在商品公司的顾客满意度调查中所问的："在未来的 12 个月内，你准备花多少钱去购买直销商品？"的回答都是连续型的。

---

① 孙允午.统计学：数据的搜集、整理和分析[M].上海：上海财经大学出版社，2006.

有些连续型变量在具体整理分析时,可进行离散化处理。例如,严格地讲,人的年龄是一个连续型变量,因为从人们出生的时点到统计的时点是一个连续变量,但在实际统计工作中,往往是按年份进行离散化的处理。

对连续型变量的量度还受到测量工具的影响。例如,人们的身高是一个连续型随机变量,但由于测量工具的精确程度不同,某人的身高可能是 1.70 m、1.701 m、1.700 9 m 或者 1.700 87 m。从理论上讲,不可能出现两个人的身高是完全相同的情况。因为测量的工具精确度越高,就越有可能区分他们身高的不同。但是,大部分测量工具都不是十分精确的,也就无法测出细小的差别。因而,即使随机变量确实是连续的,也经常会在试验或调查的数据中发现取值相同的观测值。

3.数据的四个层次

(1)定类数据。

定类数据也称为定名数据,用于区分物体。这种数据只对事物的某种属性和类别进行具体的定性描述。例如,对企业按所有制性质划分为国有企业、集体所有制企业、股份制企业、私营企业、外资企业等,可分别用 1、2、3、4、5、6 等表示;在某公司的调查中,消费者对未来 12 个月内是否打算在该公司购买其他商品的回答结果,可分别用 1 表示是,2 表示否。这种数码只是代号不是顺序和多少、大小之分,只计算每一个类型的频数或频率。

(2)定序数据。

定序数据也称为序列数据,对事物所具有的属性顺序进行描述,将所有的数据按一定规则分类,而且还使各类型之间具有某种意义的等级差异。例如,对职工按所受正规教育划分为大学毕业、中学毕业,小学毕业等。在购物商场的调查中,消费者对该商场所提供服务的总体评价等都属于定序数据[①]。

(3)定距数据。

定距数据也称为间距数据,用于得到对象间的定量比较。它不仅能将事物区分为不同类型并进行排序,而且可以测定其间距大小,标明强弱程度,提供详细的定量信息。定距数据测定的量可以进行加或减的运

---

① 王德发.统计学 [M].上海:上海财经大学出版社,2012.

算,但不能进行乘或除的运算。由此可见,区间型数据基于任意的起始点,只能衡量对象间的相对差别。

（4）定比数据。

定比数据也称为比率数据,用于比较数值间的比例关系,可以精确地定义比例。它不仅能进行加减运算,且还能进行乘除运算。定比数据有一个自然确定的零点,具有实质意义。几乎所有的物理量都可以进行定比测定;绝大多数的经济变量也可以进行定比测定,如产量、产值、固定资产投资额、居民货币收入和支出、银行存款余额等。

上述统计数据四个层次的描述功能是依次增大的,因而它们的运算功能也是依次增大的。

（三）数据与可视化

要想把数据可视化,就必须知道它表达的是什么。事实上,数据是现实世界的一个快照,会传递给我们大量的信息。一个数据点可以包含时间、地点、人物、事件、起因等因素,因此,一个数字不再只是沧海一粟。可是,从一个数据点中提取信息并不像一张照片那么简单。人们可以猜到照片里发生的事情,但如果认为数据非常精确,并和周围的事物紧密相关,就有可能曲解真实的数据反映。必须观察数据产生的来龙去脉,并把数据集作为一个整体来理解。关注全貌比只注意到局部更容易做出准确的判断[①]。

通常在实施记录时,由于成本太高或者缺少人力,人们不大可能记录一切,而只能获取零碎的信息,然后寻找其中的模式和关联,凭经验猜测数据所表达的含义,数据是对现实世界的简化和抽象表达。可视化能帮助人们从一个个独立的数据点中解脱出来,并换一个角度去探索它们。

1. 数据的可变性

这里我们以一个实际案例分析来说明数据的可变性。

美国国家公路交通安全管理局在 2010 年做了一项调查,是关于2001—2010 年的公路交通事故的发生频率,以及各项数据分析。数据显示从 2001 年到 2010 年,全美共发生了 363 839 起致命的公路交

---

① 周苏,王文.大数据及其可视化[M].北京:中国铁道出版社,2016.

通事故。这意味着有至少 363 839 人在车祸中丧生,而按常理来说,这个数字应远高于此,这不得不让我们警醒、反省和深思车祸带来的严重后果(图 1-2)。

致命交通事故 2001—2010

363 839

图 1-2　2001~2010 年全美公路致命交通事故总数

然而,这些触目惊心的数据除了提醒我们安全驾驶之外,还能从中得十分详尽的数据,这些数据可以具体到每一起事故发生的时间、地点和人数等,因此我们可以从中了解到更多的信息。

在显示的数据中,比起总数据,人们往往会把关注焦点切换到这些年里发生的每一起具体的交通事故上。图 1-3 显示了 2001~2010 年中每个月发生的交通事故总数,很显然,这个数据的视觉冲击要远比简单地告知一个总数强烈得多。我们可以从图 1-3 中看到,每年都有成千上万起交通事故,但仔细观察可以看到,从 2006 年开始,交通事故的发生概率呈明显的下降趋势。除此之外,还可以从图 1-3 中看出,交通事故是季节性的,而且呈周期循环的状态。夏季是事故多发期,因为此时外出旅游的人较多。而在冬季,开车出门旅行的人相对较少,事故就会少很多,每年都是如此[①]。

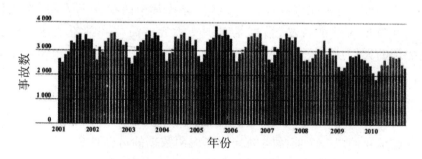

图 1-3　月度致命交通事故数

重要的是,查看这些数据比查看平均数、中位数和总数更有价值,测

---

① 周苏,张丽娜,王文.大数据系列丛书:大数据可视化技术 [M].北京:清华大学出版社,2016.

量值只告诉人们一小部分信息。大多时候,总数或数值只是告诉人们分布的中间在哪里,而未能显示应该关注的细节。

2.数据的不确定性

通常,大部分数据并不像上述提到的交通事故案例那样是实际具体的数据,而是估算的数据结果,并不精确。分析师会研究一个样本,用自己的所学、所知对其进行分析,并据此猜测整体的情况,大多时候所猜测的是正确的,但即使如此也仍然存在不确定的情况。例如,笔记本电脑上的电池寿命估计会按小时增量跳动,地铁预告说下一班车将会在10 分钟内到达,但实际上是 11 分钟,或者预计在周一送达的一份快件往往周三才到[①]。

如果数据是一系列平均数和中位数,或者是基于一个样本群体的一些估算,就应该时时考虑其存在的不确定性。尤其是关乎人类这个庞大的群体时,相关的预测数据就更要谨慎地去考虑,设想更多的不确定因素,这样得到的最终结果才更加趋于正确,否则,一个很小的误差就可能会导致巨大的差异。

3.数据的背景信息

数据的背景信息和每个人看数据时的角度有关,不同的角度看问题,得到的结论也不一样。譬如,在夜晚看星星的时候,觉得它们就像平面上的一个个点,但实际上,我们知道不同的星星与地球之间的距离可能相差许多光年。如果我们切换到显示实际距离的模式,星星的位置就不在同一个平面上了,原先容易辨别的星座也几乎认不出来,这就是背景信息的作用。

使用数据的同时需要兼顾数值本身之外的任何信息,这样才能更客观、清晰地看清事情的全貌,否则就好比拿断章取义的片段作为文章的主要论点引用一样站不住脚,还有可能完全误解文章的意思。因此,必须首先了解何人、如何、何事、何时、何地以及何因,即元数据,或者说关于数据的数据,然后才能了解数据的本质是什么。

何人(who):"谁搜集了数据"和"数据是关于谁的"同样重要。

如何(how):也就是怎样获取你想要的数据。这里分为两类:一类

---

① 郑莉.数字艺术设计实践探索 [M].长春:吉林美术出版社,2019.

是自己在实践中搜集到的,这样的数据比较可靠,有理论依据,方便操作和分析;另一类是间接的,通过网络或其他书籍等参考得来的,这类数据虽不需要知道其背后精确的统计模型,但要小心小样本的规模,样本小,误差率就高,也要小心不合适的假设,比如包含不一致或不相关信息的指数或排名等。

何事(what):还要知道自己的数据是关于什么的,应该知道围绕在数字周围的信息是什么。

何时(when):数据大多以某种方式与时间关联,可能是一个时间序列,或者是特定时期的一组快照。因此我们在搜集数据时,必须要清楚地记录每一个数据采集的时间,以供后续使用。这里需要注意的是,很多人会把已有的旧数据当成现在的数据使用,这是错误的。事在变,人在变,地点也在变,数据自然也在变。

何地(where):正如事情会随着时间变化一样,它们也会随着城市、地区和国家的不同而变化。例如,不要将来自少数几个国家的数据推及整个世界,同样的道理也适用于数字定位。一些网站的数据能够概括网站用户的行为,但未必适用于物理世界。

何因(why):最后,也是最重要的一点就是我们必须知道搜集这些数据的原因,所有的数据都是为了一个中心的论点服务的论据,这个论点的意义要凸显出来。有时人们搜集甚至捏造数据只是为了应付某项议程,应当警惕这种情况[①]。

可视化通常被认为是一种图形设计或破解计算机科学问题的练习,但最好的作品往往源于数据。因此,首要任务是竭尽所能地了解自己的数据,这样,数据分析和可视化会因此而增色。

4. 打造最好的可视化效果

计算机中也存在不需要人为干涉就能单独处理数据的例子。例如,当要处理数十亿条搜索查询时,要想人为地找出与查询结果相匹配的文本广告是根本不可能的。同样,计算机系统非常善于自动定价,并在百万多个交易中快速判断出哪些具有欺骗性。虽然不能够人为地控制计算机的查询结果,但人类可以根据计算机提供的数据做出更好的决策。事实上,拥有的数据越多,从数据中提取具有实践意义的见解就越

---

① 周苏,王文.大数据可视化 [M].北京:中国铁道出版社,2016.

显得重要。将数据的独特见解可视化,在一定程度上可以帮助和指导人们的行动。

可视化和数据是相伴而生的。可视化可以将事实融入数据,并引起情感反应,它可以将大量数据压缩成便于使用的知识。因此,可视化不仅是一种传递大量信息的有效途径,它还和大脑直接联系在一起,并能触动情感,引起化学反应。

二、信息

(一)信息的概念

我们常说现在已经进入了信息时代,我们生活在信息社会中。信息已经成为当今世界最流行的词语。那么,信息是什么时候出现的?到底什么是信息?其实,对信息的研究最早出现在电子通信领域,之后逐渐渗入到包括社会科学在内的多门学科当中。最先提出信息概念的是德国数学家维纳,他在1948年发表的《控制论》一书中认为信息的实质就是负熵,用来消除不确定性,是人与外界进行调节而交换来的东西。

除此之外,还有许多对信息概念不同的理解,比如,有人认为信息是事物之间的差异;有人认为信息是系统的复杂性;有人认为信息是物质的普遍属性;有人认为信息是通信传输的内容;有人认为在计算机技术中,信息是经过组合具有一定意义,能表明客体属性的数据集合;有人认为信息是信号;还有人认为信息从广义上讲,是物质和能量在时间、空间上,定性或定量的模型或其符号的集合。由此可见,对信息的理解会因为角度不同、学科不同、层次不同或领域不同,而有着不一样的定义。[①]

(二)信息的特性

1. 信息具有内容的表述性

因为信息是人们对客观事物的认识和表述,也是客观事物存在或变化的一种表征,因而它负载特定的内容,以表现事物的存在和变化。信

---

① 陈兰杰,崔国芳,李继存.数字信息检索与数据分析[M].保定:河北大学出版社,2016.

息内容的表述性使我们可以区别此事物与彼事物的不同状态。信息的表述性既是事物客观的真实表述,也会由于信息处理者目的和需求的不同而呈现主观的表述。

2. 信息具有价值性

供人们使用的信息总是有一定价值的。尽管不同的使用对象对不同信息的价值的判断与衡量标准有所不同,但信息的价值总是客观存在的。信息的价值表现在多个方面,如理论价值、经济价值、社会价值、政治价值、科学价值、知识价值、宗教价值、美学价值、新闻价值等。

3. 信息具有可传递性

信息不同于物质,既可以向一个方向一次传递,也可以向多个方向同时多次传递;既可以直接传递,也可以间接传递;既可以在一定范围内传递,也可以利用现代手段进行超越时空范围的传递。

4. 信息与载体的不可分性

信息必须依附于特定的载体而存在。载体的形式多种多样,如声音、图像、文字、数据,以及纸张、磁带、光盘等,离开了载体,信息便无法存储与传递。但是,不管具体的形态是什么,一旦它们成为信息的载体,它们所表示和携带的都是信息。在这个意义上,它们就是一个统一的整体。

5. 信息具有共享性

信息的共享性主要是指同一内容的信息可以在同一时间里被两个或两个以上的用户使用。此时,信息的提供者并不因为提供了信息而失去原有信息的内容和数量[①]。

6. 信息具有抽象性和可存储性

信息是一个既无大小体积,又无质量的非实体的抽象,这就决定了信息的可浓缩、可积累、可储存和可继承的特性。信息经过加工就可以借助一定的物质载体长期保存并发挥作用。人类发明的文字、摄影、录

---

① 李荣山.现代信息传播[M].武汉:湖北人民出版社,2004.

音、录像以及计算机存储器等都是信息存储的载体。

7. 信息具有时效性

信息具有较强的时效性，客观事物总是不断发展变化，因而信息也会发展变化，如果信息不能适时地反映事物存在的方式和运动状态，那么它就会失去其效用。正是由于信息的共享性及时效性等特征，人类在开发利用信息资源这一宏大工程之时，才有可能在其内容及范围上实现共享，使信息最大限度地造福人类。当然时效性又常常制约着共享的范围，这也是值得注意的方面。

(三)信息的价值

价值的高低归根结底是要看在什么范围内和在什么层次上满足人民群众的需要而定。而信息传播，恰恰可以在最大范围内和最高层次上满足最广大人民群众的最广泛需求。

1. 充当媒介

在一般经济领域中，信息传播起着越来越大的桥梁、媒介、启迪、诱发、激励、促进和组织的作用。目前的报刊，特别是专业性报刊所广泛传播的经济信息已在生产、流通、分配和消费中所起的穿针引线、铺路搭桥的作用，已经得到社会的好评与公认。

2. 反馈、控制

在经济管理中，信息起着反馈和控制的作用，即企事业单位依据反馈信息拟定方针、政策、法规、计划、措施后，作为输出信息发到实践中推行，然后把实践结果、影响反馈回来，及时发现系统的信息变化以及偏差谬误，进行反馈调节，发扬成绩，矫正偏差，保证系统达到预期目的。从这个角度来说，反馈信息事实上已经纳入现代经济管理轨道，成为经济管理部门预测的前提、决策的依据、控制的基础、管理的保证，因而形成现代经济管理不可或缺的组成部分[①]。

反馈信息是行政管理在当前新形势下实行集中起来，坚持下去，从群众中来到群众中去的传统领导方法。事实证明，这样做可以使行政部

---

① 张燕飞，严红. 信息产业概论 [M]. 武汉：武汉大学出版社，1998.

门更好地完成自己监督、控制、协调等固有的职能。在这方面,河北省试建反馈信息系统,运用反馈信息进行有效管理,具有普遍性意义。该系统分两大体系(省委与省政府两大垂直体系)、三种系统(省委和省政府及各自直属单位组成的纵向系统,省委、省政府及其省直机关组成的横向系统,以及省驻北京、天津、上海、广州等城市办事处组成的扩散系统),共同组成遍及全省的信息网络。全省二十四小时内发生的重大事件及政策、方针在贯彻执行中的问题和经验教训等当天就可反馈到省党政领导机关,必要时可即刻采取对策,加以适时处理。这说明,反馈信息系统的建立与成功的运用,首先可以使省级领导机关及时了解下情,掌握动向,密切上下级之间、领导与群众之间的联系;其次可以相对减免层层上报、办事效率低下的弊端,明显提高工作效率;再次建立健全的专职信息处理机构,可以相对减少公文数量、提高公文质量,减轻领导者阅批原始性文件的沉重负担,使领导者的主要精力放在研究处理紧要公务上。看来,利用反馈信息实施行政管理是行政管理现代化的可行方式。特别是作为上层建筑的政府部门将随着经济体制改革的发展,简政放权,政企分开。政府对经济的领导,将不再是直接的行政领导,而是间接的以经济方式为主的管理。在这种情况下,实行反馈信息管理更是大势所趋,势在必行。

3. 理论联系实践

在政治思想领域里,信息传播是主观联系客观,理论联系实践,既丰富又深刻的普遍性联系形式。这种形式完全符合"实践—理论—实践"的辩证唯物主义认识论原则,从而使思维活动,在新的历史时期得到发展与充实。有学者将这种联系形式列出如下:信息的搜集等于感性认识阶段;信息的加工处理,包括贮存、选择、分析、综合、识别、提取、判断的过程,等于由感性认识到理性认识阶段;信息的输出,等于将理性认识再放回到实践中去接受检验,信息的反馈,又把认识的复杂性和反复性体现了出来。有人把信息对认识的充实与完善,对于哲学思维的发展与推动,评价为"人类认识上的突破",看来这也不为过。

毛泽东同志在1956年总结党的历史经验时提出,要"立体"地看问题,就是对认识对象要从上下左右、纵横交错、运动变化的立体状态中把握对象的思维方法。信息传播恰恰最能提供这种可供人们立体地看问题的知识、数据、资料与素材。

4. 为科技发展提供方法

信息不仅可在科技知识的广泛传播与运用中起媒介作用,而且更重要的是还可以为科学技术提供一种具有普遍意义的、系统的、科学的方法。缺点列举法就是通过信息传播,搜集有关事物或产品的缺陷方面的信息,然后分析其产生原因,找出新的改进对策,以促进新的发明创造的问世。此外,非优思想和非优概念,也同"缺点列举法"相似,是一种科技信息方法,由此会更加懂得信息方法在科技领域中具有多么重要的意义与作用。

5. 传播知识

在当前"知识爆炸"时代,知识呈几何级数增长,信息传播知识的作用显得愈加重要。现今,国外每年出版科技期刊达三万五千余种,图书五十多万种,技术论文四百多万篇。19 世纪科学技术每隔五十年翻一番,现在则每隔十年,甚至五年就可翻一番。在这种情况下,知识的传播与交流不通过信息传播是难以想象的。

6. 推动了传播载体的发展

信息传播与应用,对于作为信息传播载体或媒介的新闻报道也产生了强烈的冲击。在信息的影响与推动之下,短短几年间,报纸的结构已由单种类、单层次的党政机关报,转向以党政机关报为主,同时又有种类繁多的专业报、地方报、企业报和学刊等多种类、多层次的报业结构。报纸的体制机构由单纯新闻出版,转向既是新闻出版,同时又是信息服务的双重机构,报纸的经营管理也由单纯新闻出版业务转向既有新闻出版业务,也有信息服务等多种业务的综合经营。

(四)信息的意义

现实中信息以倍率计算的方式不断增多并充斥在我们的日常生活中。网上购物、网络办公、网络营销、网上搜索形式的出现,使信息获取的方式变得轻而易举。社会生活的信息化不可避免地影响了人们的生活方式和思维方式;同时,繁杂、过量的信息无疑也给信息接收与选择带来障碍和困扰,因此信息设计伴随着时代的步伐应运而生。

从本质上讲,信息是无形的,而通过设计则能被变为有形,信息的载体也由数据文本型通过设计转化为图像视觉型。信息通过设计能实现以简洁、清晰、准确、易懂的视觉形式进行信息的传达,视觉传达成为信息传播的最重要的方式[①]。

三、信息的传播模式

信息是人类社会赖以生存与发展的基本因素之一,而信息的功能与作用是通过传播才能实现的。信息传播的要素主要包括信息内容、信息符号、信源、信宿、信道、信息传播技术、信息传播方式等。

（一）拉斯韦尔模式

1948 年,拉斯韦尔在《传播在社会中的结构与功能》中,提出了"5W"模式,即谁（Who）→说什么（Says What）→通过什么渠道（in Which Channel）→对谁（to Whom）→取得什么效果（What effects）。麦奎尔在《大众传播模式论》一书中把这一陈述转变为图解模式（图 1-4）:

| 谁（传播者） | 说什么（信息） | 通过什么渠道（媒介） | 对谁（接收者） | 取得什么效果（效果） |

图 1-4   拉斯韦尔模式

拉斯韦尔的"5W"模式具有综合性和简洁明了的特点,是一种劝服模式,是在对宣传研究的总结中概括出来的。该模式提出后,被传播界的学者频频引用,是人们最常引用的传播模式。拉斯韦尔模式显示了信息传播的一般原则,强调信息传播的终端或信息传播的动机在于影响受传者的行为反应,这是早期传播模式的典型特性。但是拉斯韦尔模式只是单向流动的线性模式,忽略了传播是循环往复的双向流动过程,也忽略了反馈的作用,高估了传播的效果[②]。

---

① 孙湘明.信息设计 [M].北京:中国轻工业出版社,2013.
② 高洁,李琳.信息传播学 [M].哈尔滨:哈尔滨工程大学出版社,1997.

（二）申农－韦弗模式

1949年，信息论创始人、数学家申农和韦弗提出了有关传播的数学模式，又称信息论传播模式。该传播仍然被描述为一种直线型的单向过程。这个模式是从通信工程的技术设施中抽象出来的（图1-5）。

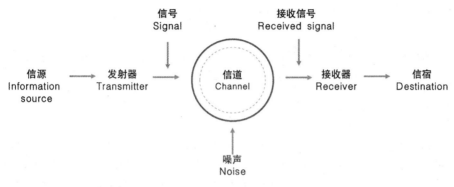

图 1-5　申农－韦弗模式

在上述模式中，由信源发出一个或一组信息供传播，这里的信息就是消息，可以是语言、文字、图像等。发射器将信息转化为适合于所属信道的信号，这里信道就是信息传递的渠道，也就是发射器将信号传递给接收器的媒介。而接收器的功能与发射器的功能恰恰相反，是将信号还原为信息，然后抵达目的地，即信宿。在信息传播过程中，这些信号会受到一定的干扰而失真，致使接收到的信号与发出的信号不一致，这种干扰称为"噪声"。

这一模式的特点是"噪声"这个重要概念的提出，并指出信息是由"有效信息"和"冗余信息"组成的。申农和韦弗将噪声定义为：所有对正常信息传递的干扰，其中包括发射器本身出现的故障以及外界的干扰。当信道中出现噪声时，就需要在有效信息和冗余信息之间求得平衡。简单地说，信道里的噪声越多，就越需要强调或复述信息中的关键部分（冗余信息），这样就相应地减少了在一定时间内所能传递的有效信息。例如，当读者反映"报纸上新闻少了"时，就是传播者在报纸版面上没有适当平衡冗余信息与有效信息的关系。

申农－韦弗模式是在通信工程中提出的，因而属于纯技术性传播模式。但这一模式仍然是单向的、线性的，只有得到"反馈"概念的修正与补充才能使之完善。

（三）奥斯古德－施拉姆循环模式

1954 年,受申农与韦弗信息论模式的影响,由奥斯古德首创,由施拉姆提出了奥斯古德－施拉姆循环模式。

奥斯古德认为,申农－韦弗模式只能用于通信工程中,而非应用于人类社会信息传播。他指出这一模式有两个缺点:一是将传播者与受传者分开,这虽然符合机械系统的情况,但不适合人类社会信息传播系统,因为在实际社会生活中,每个人同时具有传播者和受传者的功能。二是只考虑信号在传递过程中不失真的问题,而没有考虑信号的"含义"问题。在人类社会信息传播中,每个人并不是被动接收者,参与传播的人在接收到"输入"的信号后会通过"译码"将信号还原为信息,并对它加以认识、理解,赋予一定的意义与态度,然后根据所认识与理解的意义进行"编码"工作,即将自己的认识和态度编制成符号再"输出"。在奥斯古德看来,每个参与传播的人都是一个具有多种功能的传播单位（图 1-6）。

图 1-6 奥斯古德的传播单位

按照奥斯古德的观点,在同语群体情境中,每个人都被视为一个完整的传播系统,同时具有传播者和受传者功能,以及编码和译码功能。但是,只有编码者与译码者具有共同的经验范围,彼此才能互相沟通。参与传播双方的共同经验范围越大、传播效果越明显。

施拉姆在申农－韦弗模式和奥斯古德的启发下,1954 年在《传播如何得以有效进行》一书中提出了三个信息传播模式（图 1-7）。

从图 1-7 中可以看出,施拉姆提出的第一个传播模式与申农－韦弗模式是极其相似的。在第二个模式中,他强调在传播过程中,信源与信宿之间在共同经验范围内才能共享信息,这种共享信息的理论,施拉姆在后来的著作中也一直阐述,在传播界流传也很广。与第二个模式相比,第三个模式又前进了一大步,它向人们展示的传播过程是双向的、循环往复运动的过程,传播者与受传者双方在整个传播过程中一直在相互影响。

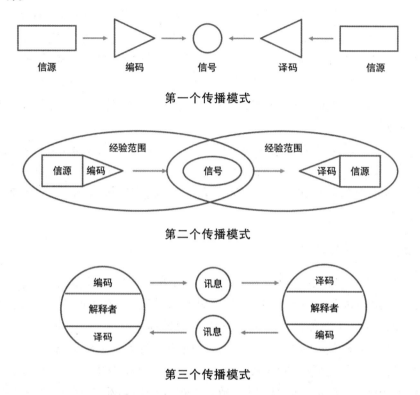

第一个传播模式

第二个传播模式

第三个传播模式

图1-7　施拉姆的三个传播模式

奥斯古德－施拉姆循环模式与申农－韦弗的直线性模式有明显的区别：①直线性传播模式中把信宿看作信息传递的终点,因而信息是单向流动的,缺乏对该信息产生反应的表述。而循环模式却强调信息传播过程是循环往复、永无止境的。这样,实际上间接表明了信息会产生反馈并可以为传播双方所共同分享,尽管在模式中没有标明"反馈"这一概念。②循环模式与直线性传播模式强调的重点不同。循环模式着眼于探讨传播过程中传播双方的行为及其相互转化；而直线性传播模式不恰当地固定和分开了信息发送者和接受者,侧重于发送者与接收者之间的信息传递渠道。也可以说,前者是研究人的传播行为本身的信息传播模式,而后者则是研究传播渠道是否畅通、信息能否到达目的地的技术性模式。

当然,循环模式与直线性模式也有一定的联系。在直线性模式中,信息发射器(即发送者)一端,具有发出信息和把信息转化为信号两种功能；在接收器（接收者）一端，同样也行使着方向相反的接收信号和把信号还原为信息的两种功能。在循环模式中，尽管没有提到发射器和接收器，但不是省略，而是发展了对这两种功能的阐述。循环模式中把传播双方描述成对等的、行使着方向相反的相同的功能，即编码、解释者和译码。解释者的功能，在直线性模式中虽然是由信源和信宿分别完成的，但却没有明确指明。所以，解释者这一中间性因素可以说是循环模式的独创。

循环模式克服了直线性模式的弱点。但从宏观角度而言，这种模式仍未脱离美国传统传播学研究的框架，它仍然将传播过程的运动从整个社会系统中独立出来进行考察，没有涉及社会政治、经济、文化等各方面因素。

（四）纽科姆的对称模式

对称模式的理论基础，可溯源于美国著名心理学家、传播界先驱卢因的认识心理学。认识一致论是一种从社会心理学角度研究信息传播过程的理论，认为传播是人们相互影响的过程。

这一传播模式的提出是以社会心理学家西奥多·M.纽科姆为代表的一批学者共同研究的结果。1946年，心理学家费里茨·海德首先提出"认识均衡倾向"或"思想一致性"观点。纽科姆发展了这一理论，1953年提出著名的均衡模式来说明认识关系中的"均衡（对称）倾向"。图1-8所示是纽科姆的对称模式。

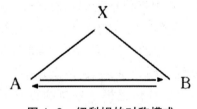

图1-8　纽科姆的对称模式

这个模式假设A对于B的态度和对于X的态度是互相依赖的，于是三者组成了一个包括有四种态度的体系：

（1）A对X的态度，可能是赞许或不赞许的态度；
（2）A对B的态度，可能是肯定或否定的态度；
（3）B对X的态度，可能是赞许或不赞许的态度；
（4）B对A的态度，可能是肯定或否定的态度。

在纽科姆的对称模式中，A、B是信息传播过程的传播双方，X是传播中所涉及的某一事物、某一观点或某人。根据纽科姆的理论，A与B之间的相互态度以及它们对X的态度，决定了它们的认知关系是均衡的，还是不均衡的。

如果A与B两者互相肯定，而且双方都赞成X，那么它们的认知关系是均衡的；或者，如果A与B互相持否定态度，并且一方赞成X，而另一方反对X，它们的认知关系也是均衡的（图1-9）。

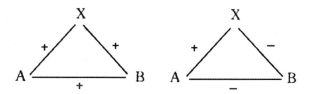

图1-9　纽科姆的对称模式中的认知均衡关系

如果A与B之间互相肯定，而在对X的看法上发生了分歧；或者，A与B互相持否定态度，但对X的看法却一致，那么它们的认知关系是不均衡的（图1-10）。

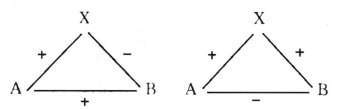

图1-10　纽科姆的对称模式中的认知不均衡关系

纽科姆认为，人类需要趋向均衡的力量。如果A与B对X的态度不一致，这种趋向均衡力量的大小将取决于A对X的强烈程度以及A对B的吸引程度。A对B的吸引力越大、A对X的态度越强烈，那么结果是：①A将做更大努力促使B在对X的态度上与它一致；②均衡有可能得以建立；③A与B之间可能产生关于X的传播。

日常生活中，人们喜欢与自己尊重的人交换对某人、某事或某种观念（X）的看法，有时也希望通过传播媒介了解社会上对某人、某事、某种观念的普遍态度。如果发现所尊重的人（或者是传播媒介）同意自己对X的评价，那么必然会对自己的态度更有信心。这种现象可以用纽科姆理论加以解释，根据纽科姆理论，人们往往通过传播这种常见的有效方式决定对周围环境的态度[①]。

（五）格伯纳的传播总模式

1956年，美国著名传播学者乔治·格伯纳在《对传播总模式的研究》一书中，就继承与丰富拉斯韦尔及申农等的传播模式的基础上提出了一个文字模式，指出了传播研究的十个基本领域，这个模式把任何传播过程都看作是感知信息与生产信息的过程。格伯纳的文字模式可表述为：某人—感知某事—做出反应—在某种场合下—借助某种工具—制作可用的材料—于某种形式中—于某种背景中—传递某种内容—取得某种效果。

格伯纳还提出了一个与此相应旳图形模式（图1-11）。

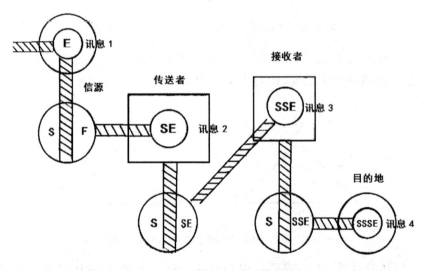

图1-11　格伯纳的传播总模式

格伯纳的传播总模式建立了一条感知—生产—感知的信息传递链。格伯纳认为，感知者的选择方式以及他对感知物背景的了解等，都会影响他的感知行为。而这位感知者制作的信息在到达信宿后，信宿也要经历一番感知过程。格伯纳以下雨为例说明这一点：信源感知到有"雨"（E'），于是在头脑中形成一条信息"下雨了"（SE，S表示信息的形式，E表示信息的内容），这一信息又转而给传送者以同样的感知和理解表述为SE'，进而又辗转相传。

① 潘洪亮，王正德．信息知识词典[M]．北京：军事谊文出版社，2002.

上述讨论的信息传播模式,基本上适用于解释各种信息传播过程,可称为一般传播模式。这些信息传播模式可谓各具特色:拉斯韦尔的"5W"模式是最早提出的典型的线性模式;申农–韦弗模式则象征着信息论、控制论等对传播领域的渗透,并试图将通信循环工程中的信息传递与人类信息传播现象相类比;奥斯古德–施拉姆模式显示了传播界开始关注人类传播过程中,共同经验范围内的信息共享现象;纽科姆将传播过程看作人们相互影响的过程;格伯纳则将感知客观事物视为传播过程的开端,并将传播的背景纳入传播研究范围。

上述每个模式都强调其创始人认为与传播过程有关的各个环节,并选择了社会信息传播的某些方面,将其概括为一种模式。这些模式强调将传播过程分解为几个环节,而忽视从宏观角度阐述传播与其他社会因素的内在联系。即使提到传播环境的格伯纳模式,也未明确指出传播的社会、历史与文化背景。

四、信息可视化

(一)可视化的含义

"可视化"一词是1987年美国国家科学基金会提出的概念,即通过视觉的方式将日益增多的海量计算数据直观地展现出来,以方便人们理解、交流和应用。可视化对应的英文单词为"visualize"和"visualization"。其中,动词"visualize"强调可视化的过程,意为"生成符合人类感官习惯"的图像;名词"visualization"则更强调可视化的结果,表达"使某物体或某事物成为可见的动作或状态"。可视化就是在大脑中形成一幅可感知的心理图像的过程或能力[①]。

(二)信息可视化的含义

信息可视化是由著名人机交互专家斯图尔特·卡德等于1989年创造的词汇并逐步被国际社会所接受。所谓信息可视化(Information Visualization, InfoVis 或 IV),就是利用计算机支撑的、交互的、对抽象数据的可视表示,利用人们对图形符号的解读理解复杂信息背后的意义或故事。无论是图形、表格(图1–12)、地图导航(图1–13)、流程图还是

---

① 赵蓉英.信息计量分析工具理论与实践[M].武汉:武汉大学出版社,2017.

图形动画（Motion Graphic，MG），都能为人们传递信息、知识、隐喻、叙事或者观点，这些都是信息可视化。

图 1-12　表格

图 1-13　地图导航

（三）信息可视化设计的意义

　　信息可视化设计的目标在于将不可见信息或难以直接显示的数据转换为可感知的图形、符号、图表、颜色或纹理等视觉要素，并用图像或动画表示趋势、观念、思想或者过程。今天,为了应对信息时代海量、多维、多源、动态数据的分析和挑战,需要通过设计学、图形学和交互设计等新的方法和手段展示数据,让人们能够从复杂、零散和不完整的数据中快速挖掘有用的信息,以便及时准确地判断趋势,并做出有效的决策。

由此,我们可以总结归纳出信息可视化设计的意义或价值。信息可视化设计的意义在于通过增强信息或数据的可读性、易读性、可用性、美观性和易用性,促进人们的相互理解与沟通,从而实现人类社会的和谐相处。而信息可视化的更深层意义在于:

(1)客观图表更容易被受众接受。

(2)使复杂的数据变得清晰、易懂和美观。

(3)将复杂的数据梳理成有条理的信息传递给受众。

(4)将不同学科的专业内容视觉化,促进科普与传播结合。

(5)使分散的数据变得集中,以便更好地理解信息在系统中的位置。

(6)将数据中的深层内容通过视觉化的方式展现出来,便于展示因果关系和趋势。

(7)信息可视化是消除误解、促进交流、展示真理、构建人类命运共同体的有效手段。

五、信息可视化涉及领域

20世纪后期,随着互联网的兴起与快速发展,全球化进程的加快,以及随之而来的各类社交媒体的迅猛发展,人们愈发认识到信息高效传播的重要性,信息可视化设计因此应运而生。就其本质而言,可视化不仅是一种工具,更是一种媒介,它拉近了人们与信息之间的距离,使得信息能够更为高效地传播,更好地为人类服务。

信息可视化设计的应用领域非常广泛,只要涉及数据与信息的分析、整合与传达的领域都可以用到信息可视化设计。而本书的目的不在于详尽列举信息可视化设计所运用的诸多领域,而是旨在结合信息可视化设计的类型分析在科学研究领域与设计应用领域的可视化需求,进一步厘清信息可视化设计的适用环境与使用方法,为更好地实现信息可视化设计的实践应用奠定良好的理论与实践基础[①]。

（一）科学研究领域

众所周知，科学研究的根本任务是探索和认识未知，是探求反映自然、社会、思维等客观规律的活动，是人类文明进程的助推器。早在 18 世纪末期，科学家们就开始将统计图表等早期信息可视化技术应用于科学研究的数据分析之中。随着时代的发展和社会的进步，人们在科学研究和生产实践中获得了越来越多的科学数据。此后，由于 20 世纪最伟大的科技发明之一的计算机与互联网的诞生和普及，人类社会进入了信息时代，计算机与互联网给人类提供了全新的数据获取与科学计算的先进手段，使得人类能够更为便捷地获取和处理数据，然后通过分析数据去探索规律与发现未知。

大量研究表明，人类获取的信息有 80% 以上是通过视觉渠道获得的，常言道"百闻不如一见"，就是这个意思。首先，大量的数据信息是科学研究的基础，因此，统计类信息图表是各种科学数据分析与呈现的基本方法；其次，流程类信息图是研究历史、揭示过程、展现逻辑最有效的方式之一；再次，解析对象的内在结构、成分组成，将无法看见的非表象信息呈现为可理解的直观信息是分解类信息图的擅长；最后，地图类信息图是研究气候变化、板块运动等自然现象的重要手段方式；等等。

综合而言，信息可视化设计是科学研究领域最重要的研究方法之一，它能帮助科学研究人员及时解读有用的信息，因此被称为"科学技术之眼"。

（二）设计应用领域

信息可视化设计的应用领域非常广泛，只要涉及有数据与信息的分析、整合与传达的领域都可以用到信息可视化设计。本书结合信息可视化设计的类型，选取了几个常见的领域进行重点介绍。

1.界面设计领域

界面设计（UI 设计）是计算机科学与心理学、设计学、认知科学和

---

① 张毅，王立峰，孙蕾.高等院校艺术设计专业丛书：信息可视化设计[M].重庆：重庆大学出版社，2017.

人机工程学的交叉研究领域。简单来说,界面设计就是对软件或应用程序的界面外观、操作逻辑与人机交互所进行的整体设计。界面设计的应用范围非常广泛,涉及人类生活、工作与学习的方方面面,因此也是信息可视化设计运用最广泛的领域,信息可视化设计的所有类型几乎都能在界面设计中被使用到(图 1-14)。

图 1-14 公司首页界面

2. 环境设计领域

无论是外空间设计还是内空间设计,为了实现真正的无障碍使用,在建设或施工完成之后都需要设计使用空间类信息图来展示环境空间的布局信息。空间类信息图又称为"地图类信息图",是指将某个区域的事物缩小后绘制在平面上的图形,其目的是提供正确的地理位置信息,让看图的人能够快速找到自己所处的位置,同时能够快速定位到下一个想要去的地方。

3. 产品设计领域

产品设计,简单来说是指将人的某种目的或需求转换为一个具体的物化产品的过程。产品设计的水平反映着一个时代的经济、技术和文化水平,好的产品设计,不仅功能优良,而且便于制造,生产成本低,能够极大地增强产品的综合竞争力。

4.视觉传达设计领域

在视觉传达设计领域,信息可视化设计的应用更为广泛,书籍、报纸、杂志、广告、包装、网页等每一个设计领域都不可避免地涉及信息可视化设计的应用,这是因为视觉传达设计的本质就是传达信息,而信息可视化设计的方法与手段能够让信息更加有效地传达,让所有人都能理解信息并获得帮助。因此,在视觉传达设计领域,囊括了信息可视化设计所有类型的应用,信息可视化设计为各种不同类型信息的传递提供了更加有效的手段与方法。

第二节　信息可视化的发展

从古至今,人类的任何生产生活活动都会产生与社会发展息息相关的数据与信息。所以在任何时代,人类都会尝试着用不同的方式去记录、传递与梳理信息。从最开始较为原始的信息图形到早期的信息图表,再到今天的多种载体、多种传播方式的信息可视化,信息可视化在源远流长的历史长河中形成了自己独特的发展脉络。

一、象形图文时代

纵观整个人类发展的历史,人们将数据信息以图形的方式呈现可以追溯到公元前3万年。在文字出现之前,人们一直使用图画作为记录和交流信息的工具。在远古时期,最初的信息就是以洞穴壁画和岩石表面刻画的方式来记录事件、表达情感,进行沟通和交流的,当时绘画并非是为了欣赏,而是为了传递信息、表情达意。举个典型的例子,阿尔塔米拉洞穴壁画是西班牙的史前艺术遗迹,洞内壁画举世闻名。150余幅壁画集中在长18 m、宽9 m的入口处的顶壁上,是公元前3万年至公元前1万年旧石器时代晚期的古人绘画遗迹。壁画上面绘有各种动物的形象,整个画面线条活泼、色彩鲜艳、布局合理、疏密有致。所画的动物有奔跑的,有长嘶怒吼的,有受了伤半躺着的,这些动物形象逼真、呼之欲出。由此可见,将信息以图像化的方式呈现并传播是人类的本能^①。

后来,象形文字出现并成为了远古时期人类记录日常生活和贸易活动的工具(图 1–15)。同时,象形文字所具有的图形和符号特性,还可以使人们进行跨地域的信息交换和知识传授。随着时间的推移,象形文字朝着越来越抽象的趋势发展,最终成为现在人们普遍认识和使用的文字。

图 1–15　古埃及象形文字

文字改变了史前时段的信息传递方式。从某种意义上说,文字是信息有目的的复制,同时也是信息规范化的结果。文字的出现使更有效地传播信息成了可能。通过文字我们可以保持信息的稳定性,并通过人与人之间的传递来表达更多的意义与内涵。文字是信息设计的原始自然阶段,作为极度精简的信息,文字不仅有表层意义,还有深层意义。

综上所述,图形符号由于其自身得天独厚的优势,在远古时期的信息表达中占有主要地位;图形的形象性、符号性和情感性,使其成为一种能够符合任何时代要求的语言。

二、地图与图解

洞穴壁画之后又出现了早期的地图。有资料显示,地图的出现比文字要早几千年。最早的地图是在土耳其地区发现的,其可以追溯到公元前 7500 年。之后,还出现了用各种图标和记号来表示牛羊牲畜以及物

---

① 　陈冉,李方舟.信息可视化设计 [M].杭州:中国美术学院出版社,2019.

资储备等。中美洲的印第安人用各种图示记录祖先的事迹,因为连他们自己都不太可能记住几代前的事情。这些图形能够帮助他们记起那些历史久远的故事,并通过同样的办法代代相传①。

地图成了一种典型的信息形式,这种将复杂的信息高度概括的表现形式是一种既抽象又具有视觉功能的创造。历史上较早的地图所涵盖的信息量相对较少,主要是因为当时的地图绘制还没有形成科学而系统的方法,所以呈现的信息相对单一。随着测绘技术的发展,地图就好比是信息的填充器,逐渐充盈起来。20世纪初期巴黎的市政地图就是个很好的例子,地铁交通系统、著名景点与重要场所等信息都包含在内,值得一提的是其尺寸大小适宜,便于手持。

地图是历史上信息密度最大的图像之一,是人类再现环境的手段。地图的设计中也包括图表,图表化的地图是信息设计发展的重要表征。今天,类似谷歌地图这样的多维互动地图,为我们的生活带来了巨大的便利,也为信息设计带来了新的生命力。

三、数据图的发展

信息可视化通常被认为始于欧洲中世纪晚期。在这一时期,欧洲的经济与技术得到了飞速发展,特别是文艺复兴的到来使人们开始了解人文和科学知识,并对世界产生了新的认识。当时许多著名的航海家相继诞生,人类史册开始纳入大量新的地图板块,天文学、测量学、绘图学等学科都得到了快速发展,人们探索这个未知新世界的步伐明显加快。统计学就是在这个时期诞生的,包括三角测量技术、函数表等对概率论和人口统计学的研究。这个时期是数据可视化的早期探索阶段。

数据图设计的成熟时期是在18~19世纪,这种信息形式与当时众多的工业创新、生活方式变革紧密联系在一起。在当时,数据图经常被用来分析军事、气候、地质、疾病、经济和贸易行为。19世纪,有关统计图形和专题制图的设计需求出现了爆炸性增长,特别是在欧洲,那时的统计图形已呈现现代数据图的架构特征,像饼图(图1-16)、柱状图(图1-17)、极区图、线图、散点图、时间序列图等都是在这一时期出现的,并被广泛地应用于社会生活中。当时的统计图形与我们现在说的信息设

① 胡森.信息可视化与城市形象系统设计[M].长春:吉林摄影出版社,2019.

计十分类似,只不过信息设计关注的是图形的形态创造,而统计图形则更注重如何测定、收集、整理和归纳数据。

在早期的图形案例中,数据图和设计的关系并不明显。这些图表的作者从事的职业多样,其中不少是经济学家、社会学家或地理学家。如英国人约翰·斯诺,他本身的职业是医生和流行病学家,他有一项重要的贡献,就是发现了霍乱的传播途径。值得注意的是,他所依靠的手段就是数据图。

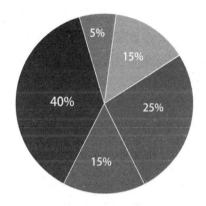

图 1-16　饼图

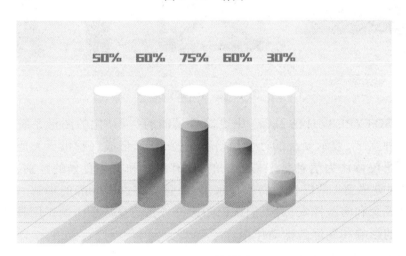

图 1-17　柱状图

四、ISOTYPE

进入 20 世纪,设计呈现前所未有的繁荣,信息可视化已经发展成为一门独特的视觉语言。当时,许多具有代表性的图形艺术家与艺术流派都对信息可视化的发展起到了推动作用,"ISOTYPE"就是其中具有代表性的设计之一。

ISOTYPE 是国际图画文字教育体系(International System of Typographic Picture Education)的简称,是一种专门展示事实和定量信息的视觉语言,由奥地利社会学家、政治经济学家奥托·纽拉特在 1925 年创造的。它由超过 1 000 张不同的图像组成,同时还有配套的规则以保证其能够始终如一地使用(图 1-18)。这些规则规定了颜色、定位、加注文字以及其他元素的使用。这种使 ISOTYPE 使用准则得以发展和标准化的理念被称为维也纳视觉统计方法(Vienna method of statistical display)[①]。

图 1-18　ISOTYPE

ISOTYPE 设计的目标:用更简单易懂的、符号化的图形系统来取代各种文字,表示复杂的社会经济学数据,从而形成一种世界共通的语言。纽拉特认为信息是平易近人的,没有教育和文化背景的区别,他相信"视觉语言"不仅会提高教育水平,而且会促进国际间的理解。他的这种观念和实践探索,对人们认识图形符号在信息传播中的作用具有开创性的影响和深远的推动作用。

在这个视觉程序中,纽拉特用数字尺度、饼图和连续线图来表达定量;在定量中,数字由一系列相同的图像元素或符号表示,每个图形元素或符号代表一个定义的数量,纽拉特称这些表达方式为"数量图片"

---

① 　席涛.信息视觉设计[M].上海:上海交通大学出版社,2011.

或"数字图片"。

该方法曾于 1940 ～ 1965 年在欧洲广泛使用,但由于无法完全依靠印刷工艺,而人工操作既费时又费力,最终这种方法逐渐消失。虽然它有一定的缺点,但它对之后的图像符号(Pictogram)和信息图形(Infographics)设计产生了十分深远的影响。

五、信息化时代

信息科学技术的迅速发展和广泛应用、以信息资源作为生产资料和产品产出的信息经济的崛起和壮大、对于信息化现象理论研究的全面和深入等都加快了信息化的进程。

20 世纪中期,现代电子计算机的诞生对信息可视化研究的再次兴起起到了推波助澜的作用。计算机带来了高分辨率的图形以及动画,并且还能够实现交互式的图形分析——这都是手绘图形无法完成的革命性改变。同时,随着统计应用的发展,数据分析应用扩展到了各行各业。当两者互相结合之后,就催生了统计计算工具、图形软件工具以及输入输出、显示技术等,这些都为新的信息可视化进入数字时代搭建了桥梁[①]。

20 世纪末是计算机技术与互联网技术飞速发展的时代。互联网的出现和发展彻底改变了人类传播信息与数据的方式和载体,任何数据信息都可以通过数字在虚拟环境中得到最高效率的传播,互联网让信息可视化拥有了新的生命。

1982 年 9 月 19 日中午,卡耐基梅隆大学的斯科特·法尔曼(Scott Fahlman)教授在电子公告板(BBS)上写下一段话:"我建议用下面一串符号代表搞笑的事':–)'……对那些严肃的则用这个':–('。"从此计算机有了"表情",至今人们仍在使用这些符号表达感情。计算机"表情"符号的诞生标志着计算机语言开始系统地实现可视化。

到了 21 世纪这个数字时代,各种互联网行业通过云计算、大数据技术实现了跨界融合的发展与变革,海量数据使人类的生活有了翻天覆地的变化。由于传播方式的飞速发展,信息可视化迎来了向图形用户界面发展的各种可能性,各类信息图形与图表从静态开始转变成带有交互效

---

① 陈冉,李方舟.信息可视化设计[M].杭州:中国美术学院出版社,2019.

果的动态形式。同时,随着计算机技术的发展而产生的矢量图形和光栅图形,也为信息可视化的应用提供了无限可能性。例如,互联网上基于Adobe公司各类制图或者动画软件的图形,已经在创建信息图表中起了不同的关键作用,如介绍各种产品或者游戏软件等。

在这个大环境的推动下,电视在21世纪初开始将信息图表纳入观众的体验。在电视和流行文化中使用信息图表的一个例子,是挪威电子音乐组合洛伊萨普为他们的歌曲《提醒我》(Remind me)拍摄的2002年音乐录影带,该录影带中的视频完全由动画图表组成。同样,2004年法国能源公司Areva的电视广告将动画图表作为了广告策略。这些视频在当时引起了广泛关注并影响到了其他领域,这充分体现了信息图形在有效描述复杂信息方面具有的潜在价值。受这几个典型案例的影响,许多企业都开始将信息图表作为沟通和吸引潜在客户的媒介。信息图形开始成为内容营销的一种形式,并已成为各种媒体营销商和公司创建其他链接内容的工具,以提升公司的声誉和在线业务。

2006年,著名国际数据大师汉斯·罗斯林(Hans Rosling)用一种新的信息可视化方法向人们解释了抽象的数据。罗斯林的演讲开创了数据统计的新时代,使得原本离生活非常遥远的冷冰冰的数据,通过计算机技术呈现生活化和交互性质的数据语言,让全世界的人民都可以看到那些被我们忽略的事实。

到了2012年,随着Adobe Flash替代品(如HTML5和CSS3)的兴起,人们可以利用多种软件工具在各种媒体中创建图表。信息可视化不再只是专业学者的工具,而是使每一个普通人都能读懂它、感受它、应用它的工具,每一个人都能参与到信息可视化推动社会发展的进程中来。例如,Facebook发布的在线信息可视化工具——Visdom(图1-19),就是一款旨在实现更加容易的、远距离的数据可视化工具,以重点支持科学实验。Visdom的功能非常简单,用户可以利用它快速搜集好数据并且做出不同效果的数据图表。

随着社交与生活应用类媒体的普及,信息图已经变得流行,只是静态的图表或简单的网页交互界面就能涵盖许多主题。这些现象带给信息可视化的变化,具体表现为有效性以及变化性:其一,互联网庞大的信息环境使得信息数据之间的联系不断更新,信息容量不断增加;其二,随着在线社交媒体传播速度的日益加快,传统的网站界面已经无法适应新形势了,新的交互界面会包含更多互动形式的信息可视化,这就会让信息的实效性和流动性大大加强。

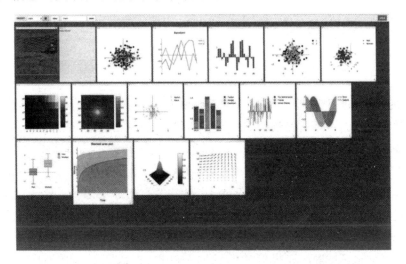

图 1-19　Facebook 发布的在线信息可视化工具——Visdom

　　近年来,类似于 HS 这样的前端语言已经能在各类移动终端上使用。像 Canvas 和 SVG 这样日渐成熟的终端可视化技术,让信息能在手机、平板电脑等随身携带、随时浏览的设备上实现随时随地传播,并呈现更加多样的视觉效果和更为直观的交互体验,使得信息可视化的应用终端更加多样化、生活化。但是,这种技术的革新也给社会带来了"信息爆炸式"的负面影响,因此,就更需要人们运用信息可视化的形式去整理与传播每天都在不断产生的各类信息。可以说,信息可视化是与不断发展的互联网技术相辅相成的。

第三节　信息可视化中的多学科理论

　　信息可视化设计与统计学、传播学、心理学和符号学等多门学科息息相关。首先,信息可视化设计需要依据统计学原理,对原始数据信息进行收集、整理、分析和归纳。其次,信息可视化设计要通过传播的方式来将信息的发散出去。再次,信息可视化设计的传播形式必须符合心理学的认知习惯和心理活动规律。最后,信息可视化设计还要依据符号学原理对信息符号进行加工与创造 [①]。

一、认知心理学

（一）认知心理学与信息设计的关系

认知心理学是研究人类心理认知习惯的科学，研究的内容包括了心理现象及其发生、发展规律，认知心理学兼有自然科学和社会科学的双重属性。信息的传播和信息的交互都是以认知心理学为基础的，信息设计必然涉及人们的认知习惯，也必然与认知心理学产生联系。从生理机制上来讲，人的大脑相当于容器，用来储存不同的信息，这些信息不但作用于人的思维，而且影响人的行为。

现代认知心理学将人看作是一个信息加工系统，认为认知就是包括信息感觉输入、储存和提取的信息加工过程，把认知心理学当作信息加工心理学。按照这一观点，认知可以分解为信息获取、信息储存、信息加工和信息使用等一系列阶段，每个阶段是一个对输入的信息进行某些特定操作的单元，而反应则是这一系列阶段和操作的产物。

我们可以简单地将计算机比作人的心理模型，将人脑看作类似计算机的信息加工系统，用以解释人的心理过程。实验证明，信息加工过程中的定量和变量之间的关系，有助于对信息设计的规律和特性把握。

人对信息的处理是通过感觉、知觉和认识的心理过程实现的。通常是先通过眼、鼻、耳、舌、皮肤等器官接受刺激而获得外界信息，再传送到大脑进行处理，信息的处理过程也就是心理的认知过程。

（二）格式塔心理学

1. 格式塔心理学概述

格式塔是由德文"Gestalt"音译而成的，指具有不同部分分离特性的有机整体，即"完形"。将这种整体特性应用在心理学研究中，产生了格式塔心理学。

格式塔基本观点的形成，源于其创始人麦克斯·韦特海默（M. Wertheimer）关于知觉问题的心理学研究，人在视知觉过程中，会

---

① 孙湘明. 信息设计 [M]. 北京：中国轻工业出版社，2013.

不自觉地追求事物的结构整体性或"完形"性。因为格式塔心理学在谈及"形"时,特别强调其完整性。任何"形"都是知觉进行了积极组织或构建的结果,而不是客体本身就有的。所以,格式塔心理学又译为"完形心理学"[①]。

格式塔的两个基本要点如下。

其一是整体大于其部件的总和。例如,我们对一只动物的感知,并非仅仅由某动物的模样、皮毛的花纹等感官资讯而来,还有对此动物过去的经验和印象,这样才能使我们感知是一只什么动物。对其他的物象也是这样的认知。如图 1-20 所示的圆形几何形状,虽说是由若干条短线组成,但我们仍然认为是个圆形,而不认为是线条的集合体。图 1-21 是由四个规则的几何形状组成的,但形成了圆形和正方形的感觉。所以,凡是格式塔,虽然都是由各种要素或成分组成的,但绝不等于构成它的所有成分之和。一个格式塔是一个完全独立于这些成分的全新的整体[②]。

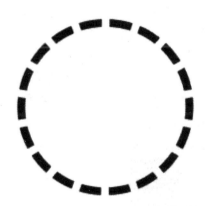

图 1-20　以短线条组成的圆形　　图 1-21　以四个几何形组成的圆形和方形

其二是"变调性"。一个格式塔,即使在它的各构成部分均发生改变的情况下,格式塔仍然存在。例如,一个球体,不管它是什么材质皮球、铁球、毛线球,还是用何种笔把它画出来,它仍然是一个球体。一个立方体,不论将它用线条画出还是用色彩画出,不管是红色还是绿色,变大还是变小,用木材还是其他什么材料构成,它仍然是一个立方体,这就是它的"变调性"。

① 　郭晓霞. 视觉设计 [M].天津：南开大学出版社，2014.
② 　叶丹. 用眼睛思考：视觉思维训练 [M].北京：中国建筑工业出版社，2011.

由此可见,格式塔所谓的形,乃是经验中的一种组织或结构,与视觉活动密切相关。它既然是一种组织,而且伴随知觉活动而产生,就不能把它理解为一种静态的和不变的,决不能把它看作各个部分机械相加之和。

2. 格式塔心理学对信息可视化设计的启示

在格式塔心理学家看来,真实的自然知觉经验正是组织动力的整体,感觉元素的拼合体则是人为的堆砌。因为整体不是部分的简单相加或总和,整体的各个部分是由这个整体的内部构造与性质所决定的,并不是由各个部分单纯决定的,所以完形组织规则意味着人们在知觉时总会按照一定的形式把经验材料组织成有意义的整体。

格式塔心理学家认为,主要有五种完形规则:图形 – 背景规则、相似性规则、邻近性规则、连续性规则以及闭合性规则。

(1)图形 – 背景规则。在一定场景下,有些对象凸显成为图形,相应的一些对象衬托成为背景。一般而言,若图形与背景的差别较大,图形就凸显成为我们知觉的对象,如绿叶中的红花,寂静中的蝉鸣声;反之,若图形与背景的差别较小,图形与背景就很难被分开,如军事上的伪装。要使图形成为被知觉的对象需具备两点:突出的特点和明确的轮廓。如图 1-22 所示,若白色为前景,则白色的杯子凸显出为知觉对象。若黑色为前景,则两个人的侧脸凸显为知觉对象[①]。

图 1-22　背景规则图

① 李有生.视觉设计思维与造物 [M].长春:吉林文史出版社,2017.

（2）相似性规则。如果图形的各元素距离相近、颜色不同，则相同颜色的元素就自然形成了一个整体，这说明元素相似的容易成为整体。图 1-23（a）中的黑球被认为是一个单一整体，如果将其中一些黑球换成灰球，图 1-23（b）则会被认为是一排黑球组合一起，一排灰球组合一起，各自作为一个分组，这样一来原本单一的整体就被分成四组了。

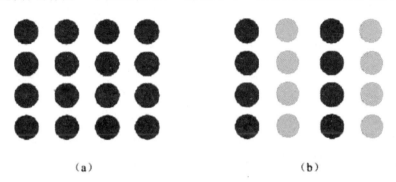

（a）　　　　　　　　　　（b）

图 1-23　相似性规则

（3）邻近性规则。图形中距离较短或相互邻近的元素，容易组成整体。图中距离较短且相邻的一排黑球和一排灰球，被认为组合成为一组。这样一来原本单一的整体就被分成两组了（图 1-24）。

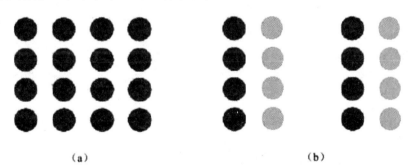

（a）　　　　　　　　　　（b）

图 1-24　邻近性规则

（4）连续性规则

连续性规则是指对线条的一种整体知觉倾向。图 1-25（a）中的黑球尽管被灰球阻断，视觉上却认为黑球仍像未被阻断或仍然连续着，如图 1-25（b）所示。

图 1–25　连续性规则

（5）闭合性规则。知觉印象将彼此相属的元素组成整体,将彼此不相属的部分分离开,这是知觉印象随环境而呈现出最完善的形式。图1-26（a）,有 8 个圆弧,知觉组织倾向于将这 8 个圆弧作为一个完整的圆来处理,1-27（b）所示。这种完整倾向反映了知觉者心理的一种推论倾向,即知觉者在心理上尽可能地将不连贯的、有缺口的图形趋向闭合,那便是闭合倾向。

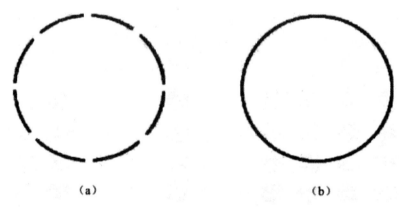

图 1–26　闭合性规则

二、符号学

符号学是研究符号系统规律和符号性质的一门科学,它涉及了语言学、信号学、密码学等多门学科,存在于人类社会文明的诸多方面。信息设计中的符号可分为个体符号形式和整体符号形式两种,个体符号形式是指对信息中的图标符号或单体的视觉符号（图 1–27）;整体符号形式是指信息单元或依据信息结构或层次组成的一个完整的视觉符号系列。

图 1-27 中国古代饕餮纹

人类的思维想象和语言交流都离不开符号,符号学既奠定信息交流的理论基础,也制定了信息交流的法则。信息必须借助符号才能实现传播,履行认知与沟通的功能。

(一)符号形式

法国著名文学家、符号学家罗兰·巴特(Roland Barthes)认为:"符号是一种表示成分(能指)和一种被表示成分(所指)的混合物。"这里所说的"能指"即"符号形式","所指"即"符号意义"。由此可见,符号是人类的创造物。信息符号也必须具备"能指"和"所指"的双重特性。在同一个符号中,"能指"和"所指"以既对立又统一的关系存在,共同构成了符号的"形"——符号的明示义和符号的"意"——符号的暗示义。人们是通过符号的形式感知并理解符号意义的。从某种意义上说,符号本身就具有一种替代关系,用某一种可感知的事物代替另一种事物或思想。

(二)符号创造

符号的创造过程就是符号化过程,也就是符号附义赋值的加工过程。只有经过符号化过程的符号才能被称为符号,才具有符号"能指"与"所指"的双重特性。

符号是人类的创造物,源自人类发展史中对生存经验的积累和文化的延伸,无论是人类的行为语言还是文字语言的产生都与符号有关。广义上讲,符号往往能以相对固定的形式存在,会以文字图像、语言声音等方式被记录和传播。人们可以通过这些相对稳定的符号获取信息,实现沟通与交流。

(三)符号传播

被誉为"传播学之父"的威尔伯·施拉姆在 1954 年提出了"信源—编码—信号—译码—目的地"的传播模式。依据这个模式,我们可以将原信息看作"信源",符号创意看作"编码",符号是通过编码构建的语言形态,被称作"信号",受众接收信息的过程被看作"译码",受众的认知实现为"目的地"。由此看来,编码是信息传播的最为重要的环节,也是传输信息的视觉转化环节。

在符号的传播中不容忽视的是:传播者和接收者必须遵循共同的符号编码与解码规则,才能实现信息的还原与意义的重建。信息符号的编码与解码遵循的是规则与语境共存的编码系统——视觉语法规则,而不像语言系统那样,必须遵循严格的规则依存型科学编码——语法规则。视觉语言的语法规则是以人脑天生具有的形象记忆为依据,实现符号意义的转译与解码。

符号学理论深刻地揭示了信息设计的本质,丰富了信息设计的形式和内涵。

(四)符号类型

1. 隐喻符号

隐喻是最具符号特征的语言现象。隐喻体现了本体(Tenor)和喻体(Vehicle)之间的互动。本体就是被描述的事物或概念;而喻体就是用来描述主体的事物或概念。如在"John is a pig."中,John 是本体,pig 是喻体。我们可以在词汇层次上把隐喻的本体和喻体分别看成是两个符号,也可以把隐喻的本体看作同一个隐喻符号的所指项,把喻体看作该隐喻符号的代表项,隐喻的喻体通过解释项与本体联系起来。换句话说,隐喻符号的解释项体现了整个隐喻过程。本体符号和喻体符号互动结合产生隐喻符号,又分别是隐喻符号的所指项和代表项。

皮尔士用符号三分模式很好地诠释了隐喻的潜力——无限意指（Unlimited Semiosis），"符号（代表项）决定另外某物（解释项）去指向同一个所指项，同样，这一解释项本身又代表着区别于本身的另外某物，从而变成新的符号……这一过程永无止境"。换句话说，一个符号的解释项本身就是一个符号，即一个符号的解释项可以成为一个新的符号的代表项，通过自己的新的解释项指向一个新的所指项，这一过程，"原则上可以无限地进行下去，只要认为这种说明已经够了，那么它往往就可以中止了"。

隐喻符号是基本交际手段之一，不仅广泛应用于日常语言、文学、艺术和电影之中，它还是人们经常使用的经得住考验的构建和学习新知识的方法。从符号学角度看，隐喻的符号性使创新成为可能，使人们能够提出新的问题和新的思想[①]。

2. 象征符号

象征符号的符号形体与符号对象之间没有相似性或因果相承的关系，它们的表征方式是建立在社会约定的基础之上的。例如，语言就是典型的象征符号。语言与它所表征的对象之间没有什么必然的联系，用什么样的语言符号来表征什么事物，仅仅建立在一定社会团体的任意约定的基础之上。不同民族可以有各自不同的约定，从而形成不同的语言符号系统，如汉语、英语、日语、阿拉伯语、爱斯基摩语等。与之相关的文字、手语（图1-28）、旗语、鼓语等也都属于象征符号。一些抽象的概念、情感等，本来就很难找到可以模仿或直接联系的感性特征，因此也多用象征符号来表征。例如，玫瑰花是爱情的象征，鸽子是和平的象征，红色是喜庆的象征，白色是纯洁的象征，国旗是国家的象征，城徽是城市的象征，图腾是氏族的象征，等等。其他诸如姿势、表情、动作、衣着、服饰，以及方位、数字等，只要把它们与另一事物人为地约定在一起，并得到一定社会群体的认可，它们都有可能成为象征符号[②]。

---

① 张良林.传达、意指与符号学视野[M].北京：光明日报出版社，2020.
② 黄华新，陈宗明.符号学导论[M].郑州：河南人民出版社，2004.

图 1-28　手语

3.指示符号

符号与对象因为某种关系而互相提示,接收者感知到符号,就能够想起符号的对象,这种符号是指示符号。指示符号文本有一个相当重要的功用,就是给对象的组合以一定的秩序。

学位等指示教师级别,洗手间按性别分(图 1-29),体育比赛按年龄、按项目、按残障等级分等。指示符号秩序感也可能具有令人不舒服的强制性:各种等级制度就是具有压迫性的,例如高考成绩与高校之间的等级对应。书籍、档案、字典,以字母或笔画排列以供查询,也是指示符号给对象以秩序。

图 1-29　洗手间的指示符号

三、统计学

统计学（Statistics）是研究方法论的科学，是一门拥有 2 300 多年历史的古老学科，主要是通过对能够反映客观事物总量的数据收集与整理、归纳与分析，为人类认识世界提供了正确的方法。传统意义上的统计学多用于数理统计、社会统计和经济统计等领域。

（一）统计数据秩序的限定

统计学中的秩序是一种规律性的存在，可以解释为人们在对事物或事件整体中的某个空间或时间部分做出了解和学习后，能够对剩余部分做出正确的估计，或者是能够有可能被证实为合理的描述。在信息设计中，对信息数据进行整理、筛选、分层等都需要遵循统计学中的秩序性，并受到统计数据秩序的规范、制约与限定。

在社会进程中，秩序确立了一种以"规范"与"遵守"为基础的关系，秩序的限定使得社会呈现明显的以等级结构划分人物或事物的状态。信息设计也是如此，必须遵守与规范信息的等级结构关系，主导信息将会影响信息的主体结构和传播目标。在进一步的细分下，决定了每个信息单元为实现目标所必须完成的任务。根据信息的特定秩序，信息结构化可以理解为统计学原理的精华所在。

（二）统计数据逻辑的分级

数据分级，顾名思义就是划分数据的级别与层次。统计学中的分级是为了充分展示数据内在的规律性，将数据通过直方图、线性列表、数学公式的分析计算以后得出的结果，依据逻辑思维的方式与方法，合理地描述并分门别类，划分为多个相对独立的数据集合（图 1-30）。

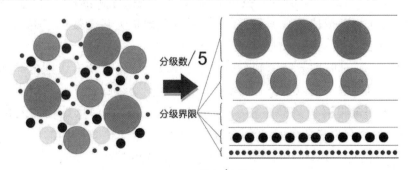

分级数/5

分级界限

图 1-30　数据的分级

1. 分级数确定

分级数以数据整体集合为对象,直接控制着数据统计分级的精确性。一般来说,数据的分级数越多就越详细,数据预测结果的正确性就越高。因此,对于信息分级数的确定,应以突出主体信息为中心,来确定尽可能多的信息级数。但是,人类的视觉生理对于图像细微差异的感知能力是非常有限的,过细、过多的分级数,不但会影响人们对数据的认知,还有可能影响对数据总体规律性的把握。所以,分级数并非越多越好。科学的数据分级方法,应该以数据的可读性、趣味性为原则,来设定合理的信息级数。

信息的级数设定与数据的外在表现形式密切相关,尤其当数据整体所包含的部分数据具有明显的差异性时,数据间就产生了集群性。集群性可以作为信息设计分级数划分的又一依据。根据集群性来确定分级数的方法尤其适用于信息设计数据间的对比分析。此外,分级后的数据作为设计对象,将以独特的视觉形式出现,形成信息层次与级别关系上既统一又有差异的关系。此外,在进行信息数据视觉转化时,必须考虑受众对于同一视觉符号的感知与识别能力,通常艺术的具象符号适合三个级别左右的分级,而抽象的几何图形则被允许有更多的分级数存在。

2. 分级界限

如何合理确定数据的分级界限,是分级数确定之后的主要任务及核心。分级界限可以理解为某些能够直接影响数据分布和分级显示的具体数值,分级界限是信息单元间的分水岭。在信息设计中,确定信息数据分级界限时必须综合考虑以下三个原则。

第一是集群性分级原则。有利于保持数据的分布特征。在级数确定的情况下,通过集群性分级可以实现级内数据差距的最小化,缩小集群性数据与该级代表数值的差异,并尽可能地扩大各个数据集群之间的差异,有利于信息数据的整体秩序和层次呈现。

第二是对应性分级原则。就是说,分级后的信息所有级别内部都必须包含相对应的信息数据,而每一个信息数据必须存在于与其对应的等级内部。含集群信息数量较少的分级,主要分布在信息结构的两端等级内,而含有大量集群信息的分级,则主要集中于信息结构的中间级别中,所以信息分级确定的结果一般存在于分级的核心部位。

第三是易识别性分级原则。在级数确定的基础上,保持数据级别间和各集群间的紧密逻辑联系,可以增强信息的整体识别性。对于数据集群的散点分布,并且是个体数量不多的状况,相邻级别数据集群的分级界限可以存在断点,并非是绝对性的相互连接,这种做法符合数据分布的客观性。然而,当分级界限连续分布时,数据集群之间必须是相互连接的,形成整体的识别特征。此外,分界点的主次位置以及从属关系也与视觉识别直接有关[①]。

四、传播学

我们生活在一个迅速变化的媒介环境中,现代信息技术的快速发展和应用给信息传播环境带来的变化超出人们的想象。新的传播媒介大量涌现,如几年前一般人只是从文献上了解的互联网,如今已经成为许多人学习、工作、生活中不可缺少的东西;信息处理技术日益趋同,如数字化技术不仅成为广播、电视、网络等电子媒体的技术基础,也被报刊、书籍等传统媒介大量使用,电子排版、数字照相、数字化编辑等,不同传播媒介的信息都以数字的面貌出现;信息的大量产生和传播导致信息泛滥,需要分析鉴别信息的真伪,获取准确、有价值的信息的难度加大,我们正在从媒介缺乏走向媒介过剩的时代。媒体争夺信息资源、争夺受众群、争夺受众最佳时段愈演愈烈。在这种情况下,信息工作者的责任更加重大。

在现代信息传播活动中,信息工作者的角色是经常转换的,他们既是传播者,也是受传者。认识和理解这一点,对于我们深刻理解人在信息传播活动中的作用是十分重要的。信息工作者的任务,说到底就是进行信息产品的生产和流通。信息工作者首先是一个信息的传播者。传播者的任务主要包括收集信息、加工制作信息、收集处理反馈信息和设置议题。

收集信息是信息工作者的职业要求,也是社会和大众信息传播敏捷的需求。信息工作者根据这些需求,有目的、有意识、有计划地收集整理信息,以备不时之需。另外,在传播者没有思想准备的情况下,突然或者无意识地接触到信息,如突发事件的目击者、具有重大价值的科技信息

---

① 孙湘明.信息设计[M].北京:中国轻工业出版社,2013.

等。这时,传播者会从被动状态转入主动状态,变无意识为有意识地从事信息搜集活动。作为一个职业信息工作者,应该具有在无意识中随时保持敏锐的信息捕捉能力,抓住有价值的信息,并且采取适当的传播手段传递出去,这就是我们常说的信息意识,对于新闻工作者来说,这就是"新闻眼"。

采集信息后,传播者要对信息的内容和表达形式进行加工,对信息进行取舍并使之符号化。表达形式一般先使用"内语言"(无形的符号化思维)对信息进行组合串联,然后再化为"外语言"(有形的代码、符号、信号)。在加工制作信息的过程中,传播者的主要责任就是承负"把关人"(守门人)。"把关人"这个概念是社会心理学家库尔特·勒温于1947年提出的,它表示在一定的传播系统中,信息总是通过某些关口传播的,在信源和受众之间,有着决定传送或终止信息传递的"把关人"。把关人对信息能否传递到受众握有生杀大权,对于快速运转的大众传媒来说,更是要求把关人在极为有限的时间内迅速决定信息的取舍,这需要经验,需要传播者对社会、对受众的了解,更需要把关人排除个人的好恶以及所具有的信息意识。当然,现代信息传播中的信息加工并不都是由一个人完成的,把关人角色是由传媒机构共同来承担的。传媒机构为了自己的社会效益、经济效益,其内部也在进行着角色分配,不同角色的成员在组织中的地位决定着他在信息把关中的权限。但是,无论是哪种信息机构、哪种传播媒介,最大权利还是操纵在信息所有者手中。传媒机构信息把关方针,除了受到自身因素的影响外,还受到整个社会大背景的制约,如信息源、受众群体、广告商、公关机构、政府机构和其他媒介等。政府始终对各类媒介的信息活动实施着最终控制,古今中外概莫能外。无论是传媒机构还是信息工作者,信息把关活动中,都不能随心所欲地做出决策,只能在受到社会各方面的影响的环境中承担自己作为一个信息传播者的责任。

相对于信息内容的把关,信息表达方式的处理则要求传播者对信息传媒和传播方式有深入独到的认识和了解,以便选择适当的时机、适当的媒体、适当的类型有效地将信息传播出去。信息传播出去以后,传播者还要了解受众的反应及传播的效果,对传播活动的进一步开展做出相应的调整,这也是传播者一项重要责任[1]。

---

① 李荣山.现代信息传播[M].武汉:湖北人民出版社,2004.

信息可视化的设计原理

信息可视化设计是目前计算机图形学、大数据、人工智能与艺术设计相互交叉的新领域，处于艺术、新闻、技术和故事之间的交汇点。信息可视化设计涉及众多学科的理论知识，而这些理论知识能够在大量信息可视化设计的实践中不断升华，迸发新的光芒与动力。为了更好地理解信息可视化的视觉原理，本章将从信息可视化设计法则、信息可视化设计的组织原理、信息可视化设计的视觉原理、信息可视化与受众等方面进行重点研究。

第一节 信息可视化设计法则

一、视觉化基准

信息可视化设计过程并非凭空发生。它是基于设计、研究、用户观察、认知心理以及人机交互的一门科学。信息可视化设计有一定的视觉化基准，大致可以归纳为以下几点。

(一)准确性

准确传递信息是信息可视化设计所要遵循的首要原则。不准确的信息就像一幅错误的地图或手机导航，不仅会使人误入歧途，而且会使设计师的水平和专业能力的信誉大打折扣。要实现信息可视化的准确性，首先需要明确信息图设计的目的、主题与受众，这是贯穿信息图设计始终的主线和定位，也是信息图能否满足准确传递信息的功能的关键。其次，建立清晰明确的视觉逻辑，进一步厘清所用的视觉元素之间的关系，在无须任何附加解释与额外帮助的基础上利用视觉元素的强大力量准确传递信息，实现信息图的功能与作用。可视化必须与统计数字相互匹配，而且所有的数据来源都要反复核实，精益求精。例如，地图信息不正确、不规范；图表的比例与数字不符；数据意义不明确；图标设计信息传达有误是学生经常会犯的错误。图表中常见的错误还有数据无来源标注、无作者版权信息以及数据图表无单位等。因此，对读者负责的态度和踏实、认真、细致的工作习惯是信息准确性的保证。

(二)统一性

信息可视化设计的版面结构与元素编排保持界面一致是非常重要的，用户一旦学会做某项操作，那么下次也同样操作，因此，语言、布局和设计是需要保持统一的几个界面元素。一致性的界面可以让用户对于如何操作有更好的理解，从而提升效率。

（三）可用性

可用性从文字表面上看似乎并不难理解，但落实到具体的人与环境的关系，就不能仅仅从界面的角度来考虑，而应该从更广泛的产品、建筑、生活方式以及人与自然的联系来理解。例如，尽管一幅校园游览图颜色清新亮丽，装饰感强，但如果该信息可视化作品的主题没有得到很好提炼与优化而出现下列问题：地图缺乏路线导游，方向或目标不清楚，整体上看设计重点不够突出，信息主次不分，缺乏层次感，未标注主要的校园路线和核心功能建筑群（教学区、就餐区、体育馆、宿舍区等）等，就会影响该游览地图的可用性和功能性。

（四）简单性

信息可视化设计的简单性主要体现在以下两方面：第一是信息内容的精练简明，第二是视觉表现的单纯简洁。首先，精练简明的信息更容易被获取和记忆，因此需要按照前期所明确的设计目的对信息进行详细的甄别与选择，去除多余的信息，用较少的信息量产生最大化的目标效果，提升信息传递的效率。其次，视觉元素的使用要符合视觉节约化原则，在满足功能需求的基础上用尽量少的视觉元素进行设计表达，形成简单明了的信息视觉形态，减轻受众的视力与脑力负荷，达到更好的信息传递效果。

理想情况下，信息图表需要一条清晰的主线，所有的数据可视化和相关的图标、插图或文字都要围绕这条主线展开。去粗取精、去伪存真、抓住重点、简化内容是这个阶段的中心任务。许多人错误地认为，如果将多个不同的数据放在一个图表中，则会提高其可信度，因为它可以显示其拥有的数据量。但事实上，如果设计包含太多信息或者没有清晰的故事主线，则会使读者或观众感到困惑。发生这种情况时，读者通常会放弃并且不再花费时间弄清楚这些信息。因此，如果数据图表包含了太多的信息，该作品实际上是无法与读者进行交流的。

（五）重复性

基本图形或图片的构成要素是可以系统化重复使用的。完成重复性要素的制作后，即可将想要传达的信息进行变形，以完成具有统一性和节奏感的构造。

（六）图形性

图形所具有的无障碍传达优势是文字所无法具备的。因此，要消除信息图中的视觉障碍，就需要尽可能少地使用文字甚至不使用文字，尽量以图形来表意传情，防止文字可能形成的视觉障碍。同时，就信息可视化设计发展的目标与趋势而言，是希望通过更多系统化的图形语言来完全取代信息图中的文字的，形成一种全世界共通的视觉语言，实现全世界都能理解的终极目标。当然，就当下环境中的信息可视化设计来说，要完全摒弃文字的使用是不可能的，也是不现实的。但是，应该在确保信息传递准确的情况下，尽量减少文字的使用，以图释义，消除视觉障碍[①]。

（七）易读性

易读性是指由文字组成的词、句、段落的容易阅读与否的性质，如果破坏了文字传达的功能性，即使有再丰富的构思，再惊艳的设计，也失去了意义。可以说，易读性是字体设计中最基本、最重要的设计标准，是更注重宏观层面的对文本整体内容进行理解。在当今复杂的字体设计中，某些文字设计盲目追求出色的个性，而忽略文字最基本的阅读功能，从而导致很多不必要的阅读问题。因此，字体设计应基于可读性，否则一切都没有意义。除了易读性外，还有可读性，可读性是指可以很容易地区分开一个图形要素和别的要素。如果图形要素和其他要素的位置太靠近，则可能对使用者在区分它们的时候造成困难，即无法很好地认知到图形符号，所以，在使用图形符号时，通过考虑图形要素的大小和相互间的距离即可很好地解决可读性问题。

（八）独创性

视觉化设计以创新为目标，其独具风格的设计会给人留下深刻的印象，有助于信息传播功能的展现。优秀的信息图之所以能吸引受众的目光，引起受众的关注进而提升信息传递的效率，在于其拥有极强的视觉美感和表达趣味，这样的信息图可能是光芒四射的，也可能是新颖生动的，还可能是幽默风趣的，它们以各自独特的视觉效果与艺术魅力吸引着受众的目光。因此，在信息可视化设计中，创造独一无二的视觉美感

---

① 张毅，王立峰，孙蕾.高等院校艺术设计专业丛书：信息可视化设计[M].重庆：重庆大学出版社，2017.

和表达趣味,就能引起受众的阅读兴趣,提升信息传递的有效性。在模块化象形图的设计过程中,需要抛弃对象形图的固有造型形态的执着和模仿他人设计的想法,发挥自己的想象力和个性,创造有美学和艺术价值的新内容。

（九）整体性

在视觉化设计中,文本符号、短语等都应设计为一个整体,并结合样式来表达。如果样式不统一,结构将碎片化,那无疑是个失败的设计。因此,在视觉化设计中,要注意各部分方向的一致性且有必要调整整体与部分之间的关系,使设计风格统一、和谐有序。信息图表的底部空间也很重要,设计师通常会在这里为读者提供更多的信息。对读者来说,从上到下、从左到右就是视线浏览的方向,而该空间正好为读者提供了"结论"。与此同时,信息图表底部还可以加上读者感兴趣的其他信息。例如,商品购买或相关服务信息,如网站链接、二维码或地址等;其他的内容,包括设计师的版权标注、公司信息以及签名等。当然,商业或公益信息图表很少包含设计师或工作室的信息,底部空间可以用于添加与商品相关的促销活动等信息。此外,图表的数据源备注文字也可以放在该区域,添加数据源备注可以使该图表更具有说服力。

（十）用户导向设计

用户导向设计是设计思维的基础,也是所有信息可视化设计的出发点。用户的年龄、性别、家庭、知识层次、民族和地域等背景,决定了不同的用户对信息可视化的接受程度。同样,信息可视化的媒体呈现也是图表设计的重要考量之一。科普杂志、新媒体、学术期刊和专业论坛对可视化设计的要求差别很大。因此,信息的易读性、可用性、美观性和可记忆性同等重要。例如,波士顿儿童医院为了帮助病患儿在医院里有更好的体验,聘请了当地大学的设计团队为医院大厅设计供儿童娱乐的交互墙面。团队在设计过程中,也随时与小朋友们进行访谈与演示。通过符合儿童心理的设计表现内容以及相关的导航图标,该产品为病患儿童提供了一个温馨舒适的就医环境。

二、组织化原则

明确信息传达目的、理解使用者特性、以设计理论为根据的系统性设计是信息设计的必要条件。通过规范设计的表现方式,可以更加有效地传达信息,即在设计之前我们需要明确一些原理和方法。信息可视化设计的组织化原则需要遵从秩序感、协调性、视觉平衡、视觉流动这四个原理。

（一）秩序感

设计活动在一定程度上是一种思想性活动,目的性很强。虽然大部分的设计中都有艺术想象的成分,但是设计的首要目标仍然是一种语义的视觉化过程,所以明确要素的视觉层级关系是必需的。另外,还需要让信息能够快速有效地被人接受。例如,表现方式一致时,相同的表现方式可以让视觉元素更加井然有序,在元素和元素之间产生关联,这样不仅可以使信息更加简化,也可以更加明确信息的语义。另外,通过大小对比、前后对比这样的方式,可以让人们更容易分清信息的主次。

（二）协调性

在给信息赋予视觉形式时,需要在多种不同的层面进行综合性的考量,即相对性、独立性、视觉性要素之间不能相互冲突或干扰,需要形成视觉整体感。互相冲突的视觉元素会对受众的视觉认知造成一定的困难。当然,协调性原理并不是指机械重复工作,应该是服从信息传达目的的有机的对整体性的创造。

（三）视觉平衡

具有一定平衡感的视觉形式会带来更好的审美体验,更能对信息的传达起到辅助效果。一般来说,平衡感主要有三种类型——对称、非对称、平铺。对称的形式可以创造出结构上的稳定性平衡,非对称的形式可以创造出动态平衡,平铺的形式可以创造出认同平衡。

（四）视觉流动

视觉流动指的是在信息可视化作品设计中对版式布局的要求。对于目前普遍采取的横向排版来说,人们的视线习惯于从上到下、从左至右进行移动,因此我们可以看到,大多数的海报、杂志、网页等的版式布局都会遵循这个规律。这项原理要求设计师认识到人们视线流动的规律,找到版面上最能够吸引眼球的地方,然后把最主要的信息放置在那里。比如,人们在看一幅图画、一个平面广告或是任意一个画面时,最先会寻找视觉信息的接触点或者说信息的着落点,有了焦点之后,才会按照一定的顺序来查看信息,这样做是因为这种阅读的方法更加快速方便,从上到下、从左向右的阅读习惯可以让使用者更加顺畅地阅读。人们的视觉习惯,或者说视觉流线引导是以更加高效的信息传达为目的的,所以随意破坏视觉流线会造成信息内容间的不和谐。

需要注意的是,视线的移动不仅仅是空间的变化,还能够体现时间的变化,在信息可视化作品中,时间也是从左上到右下流动着的。充分把握信息可视化的视觉流动规律,并以此建立时间、空间的布局,指明阅读顺序,避免阅读的混乱感,对于作品的有效呈现会有事半功倍的效果。

第二节　信息可视化设计的组织原理

一、信息的分类

为了进一步认识、理解和描述信息,我们需要对信息进行分类。从突出信息的设计特征上讲,信息可以分为技术信息、语义信息和审美信息。

技术信息是指以设计活动的技术支撑为依据的信息表现形式,也是设计信息中唯一"有形"的信息。简单地讲,技术信息就是信息接收者可视、可听、可触的信息部分,这一部分又由视觉信息和知觉信息构成。以视觉传达设计为例,文字、符号和色彩就属于视觉信息,而信息载体(如纸张)的肌理则属于知觉信息。

语义信息指的是设计的具体内容,即设计师通过有形的技术信息传达给受众的情感和寓意,也就是设计的主题思想。设计的语义信息是相对固定的,信息设计通常以标注或设计说明的形式来"翻译"语义信息,以确保信息接收者对设计内涵的正确解读。这就要求信息设计要依据受众能够理解和认知的符号编码系统来进行信息的组织。语义信息可以通过视觉符号直接被受众还原,而不需要通过更多的解释说明。

审美信息包括设计师的审美观念,设计作品的形式美及格调,还包括信息接收者在解读语义信息时表现出的审美差异。值得注意的是,只有产生了实际意义,信息的设计才能算是有价值的。换言之,只有被信息接收者认可和赞同的信息才算是有价值的审美信息。

同其他事物的分类一样,信息从不同的学科领域和不同的角度有不同的分类方法。除了上述提到的分类方法以外,还有以下常见的信息分类方式。

从突出信息媒介与功能的角度,信息可以分为数据文本信息、公共信息和交互信息等种类。

按信息描述的对象划分,信息可分为自然信息、生物信息、机器信息和社会信息。

按信息的性质划分,信息可分为语法信息、语义信息和语用信息。

按信息的传递方向划分,信息可分为纵向信息、横向信息和网状信息。

按信息的内容划分,信息可分为经济信息、科技信息、政治信息、文化信息、政策法规信息、娱乐信息等。

按信息的作用来划分,信息可分为有用信息、无用信息和干扰信息。

按信息的运行状态划分,信息可分为连续性信息、间隔性信息、常规性信息和突发性信息等。

按信息的流通渠道划分,信息可分为正式信息和非正式信息。

按信息的记录方式划分,信息可分为语声信息、图像信息、文字信息、数字信息和计算信息等。

按信息的来源划分,信息可分为内部信息和外部信息(如组织内部、外部)等。

我们还可以列举许多其他划分方式,即使是同类信息,也还可以从另外的角度和准则进行划分。划分的目的是认识信息的性质和特征,以便描述信息和处理信息。无论从什么样的角度进行划分,不同种类的信息之间并没有绝对的界限,彼此间互有交叉重叠。尤其是我们从内容角度对信息的划分更是如此。例如,一份政治信息或科技信息对一个国家或一个企业的海外市场开拓决策产生决定性影响时,它就是一份重要的经济信息。

信息的分类方式虽然很多,但有的分类方式并没有多少实际意义,仅有几种分类方式是最基本的。例如,按信息的性质对信息的划分(语法信息、语义信息和语用信息)对于信息的描述、测度以至整个信息科学的研究都是至关重要的。按信息的内容、渠道、记录方式的划分对于信息管理、信息服务和信息利用的研究又是十分基础的。

二、信息的组织化

（一）信息设计组织原理

现代社会信息的高度分散性和无序性与人们利用信息的高选择性和针对性形成了尖锐矛盾，信息组织通过人工和机器的干预，使信息有序增值，进而提供有效利用。从这一角度看，信息组织可以说是信息管理活动的基本环节，是信息资源开发利用的基础，同时也是信息管理学研究的核心内容。

如图 2-1 所示，信息设计组织即信息有序化与优质化的系统性、类聚性的动态发展过程。信息设计组织就是将收集到的信息利用一定的规则、方法和技术进行预处理和加工，使其便于理解，易于被输入显示可视化模块，然后按给定的参数和序列公式排列，使信息从无序集合转换为有序集合，并形象地绘制出来。绘制的功能是完成数据到几何图像的转换。一个完整的图形描述需要在考虑用户需求的基础上综合应用各类可视化绘制技术。绘制模块生成的图像数据，按用户指定的要求进行输出。受众体验即交互的过程，此过程除了完成图像信息输出功能外，还需要把用户的反馈信息传送到软件层中，以实现人机交互。

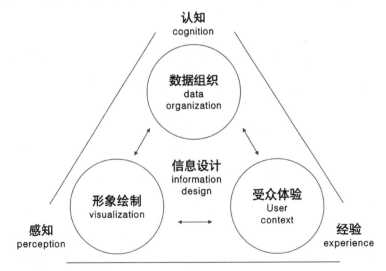

图 2-1　信息设计组织原理图

（二）信息组织化

信息组织化是将复杂、混乱的数据通过分类、排列、组织等方式进行整理，使之井然有序，如图2-2所示。

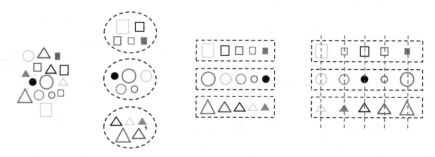

图2-2　信息组织化图示

信息组织化大体可以分为四个步骤。

①收集数据：将各种从不同渠道获得的数据资料收集到一起。

②归纳整理：按照科学的方法和规则，将相似的内容进行归类整理。

③有序排列：对整理好的内容根据其外在特征和内容特征进行有序排列。

④寻找关系：根据相似的内容寻找数据之间的关系，从而使信息集合达到科学组合实现有效流通，促进用户对信息的有效获取和利用。

（三）信息的组织化方法

信息组织化主要通过LATCH的组织方法表现，具体可以分为位置（Location）、字母表（Alphabet）、时间（Time）、类别（Category）、层级（Hierarchy）。

1. 位置

位置可以被用来从自然地理的角度组织信息。例如，地图、交通路线、旅游指南及医学用书等。

2. 字母表

字母表组织法是指根据字母的顺序来组织信息内容。例如，字典、百科、电话簿。

3. 时间

如果用户需要了解事件发生的顺序,那么用时间来组织信息是非常有效的。例如,日程、烹饪指南、计划表等。

4. 类别

类别组织法根据信息等相似特征或特性来组群,这类信息可以是广泛的,也可以是细化的。例如,电子商务网站就经常将商品按类型群组(服装、电器、日用品等)。

5. 层级

层级是根据信息等度量标准(从小到大、从暗到明)或其重要程度(地位、级别、高低)来进行信息组织。例如,给服务和产品标星打分、计分表、能效等级、尺寸等。

三、信息的组织方式

信息组织是为信息集合提供有序化的结构,使之形成一个有机化的整体,以便于对信息进行存取和利用。具体来说就是采用一定的方法,将所采集到的大量的、分散的、杂乱的信息经过筛选、分析、标引、著录、整序、优化,形成一个便于用户有效利用的系统的过程。

信息组织方式可以分为自顶向下的信息组织方式、自底向上的信息组织方式和超文本信息组织方式。

自顶向下的信息组织方式基于内容语境和用户需求的理解,是依确定网站范围、设计蓝图、内容区分组和标识系统设计的次序而搭建的金字塔结构。由上而下的内容各自独立,形成明显的层次关系,一般多用于交互广告的主题支撑结构。自顶向下的金字塔结构设计要考宽度和深度的问题。所谓宽度,是指在金字塔结构的某一层次上元素的数量;所谓深度,是指从金字塔顶端到达某一元素所经过的层次数量。在设计中应该采取哪种深度和宽度应当根据网站的具体内容而定。

自底向上的信息组织方式是一种基于对内容和所用工具的理解,依次完成的组建数据库(Data Base),创建内容模块(Template)到页面(Page)的设计。自底向上的信息组织方法可以促进快捷高效的分布式内容管理,多用于次级网站或内部结构化信息的组织。

超文本信息组织方式是一种高度非线性化的结构,包括信息块与分类信息块之间的链接关系。这种组织结构方法可以使用户自由地到达网站的各个角落,但是容易使用户在其中迷失方向。超文本信息组织方法可以作为自顶向下和自底向上信息组织方法的补充。

无论研究者发现多少信息组织模式和组织方法,也并没有既定的交互广告信息组织方案,不同的交互广告应根据广告诉求和用户需求进行合理有效的信息组织。

信息构架师在构架信息的时候应根据信息所要传达的内容的特点来选择最合适的组织模式。在组织网站广告信息时,需要综合考虑以上的信息组织模式和组织方法进行严谨、复杂的构思,而对于交互电视广告,移动电话短消息广告等信息量小的广告,则对信息组织模式的运用相对简单,很少涉及超文本信息组织方法。

四、信息的组织结构

在进行可视化设计的过程中,除了统计类数据信息以外,大部分信息图皆可选择一种结构模型作为原型框架,而后再在此基础上展开设计。所谓结构模型,就是指一种用于理清信息关系的结构样式,接下来,我们便会围绕着信息图中常见的几种结构模型进行讲解。

（一）分组型结构——将信息分门别类

分组型结构模型(图2-3),是指将信息根据类型差异或角度不同进行分组表现的一种信息模型结构。分组式结构模型的表现形式较为多样,但其目的都是为了更好地归纳和整合信息,同时突显不同组别信息之间的差异。因此,分组式结构模型更擅长于处理有共性和差异且数量较大的组别类信息。

此外,分组式结构模型主要表达的是信息组之间并列与平行的结构关系。在实际表达中,信息组之间以并列的方式同时展现,以并存突显共性,以对比彰显差异,但又不产生任何交叉关系,因此在设计表达阶段需要注意信息组之间风格形式的统一与变化。

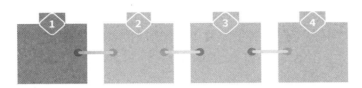

图 2-3　分组型结构模型

在对信息进行分组编排时,我们首先要确定编排的信息属于哪一类型,一般来说,可将信息分为以下两种类型。

类型一:已经划分好组别或信息点较少的信息组。

类型二:信息点较多且还未进行归类的信息组。

需要注意的是,当信息点数量小于等于 6 种时,我们会将该组信息划分在类型一的范畴,当信息点数量大于 6 种时,我们会将该组信息划分在类型二的范畴。

如果将要编排的信息属于类型一,那么我们可以直接进入编排流程。反之,如果你所接触到的信息属于类型二,那么你首先要做的便是对信息进行合理地分组,而这种分组一定要基于求同原则。

假设,要对图 2-4 所示的图形信息进行分组。

图 2-4　各种物品

根据基本的求同原则,可将上列物品的"用途"作为分类依据,来对上述图形信息进行归类。

　　按照"用途"分类,我们可将上述图形划分为以下四类。

　　交通类:电动车、小汽车、自行车。

　　护肤类:洗面奶、护手霜。

　　服饰类:高跟鞋、裙子。

　　娱乐类:电视机、游戏手柄。

　　换一个角度,倘若以"是否需要通电"作为分类依据,还可将前一组图形信息划分为以下两类。

　　(1)需要通电类:电动车、电视机、游戏手柄。

　　(2)不需要通电类:高跟鞋、裙子、汽车、自行车、洗面奶、护手霜。

　　综上所述,可以得出这样一种结论:即使是同一组信息,也可基于不同的角度,对其进行分类。

　　在对信息做好分组以后,接下来所要做的便是将已经划分好组别的信息编排在适当的分组结构中。

　　假设我们需要为前面采用第一种分类方式的图形信息设计一个合适的分组结构。分析可知,该组信息一共被分为四组,考虑到每组图形信息的数量相差不大,相互间的关系较为独立,可选择(设计)一种单元结构相似且相互独立的分组结构模型来编排这一组信息,如图 2-5 所示。

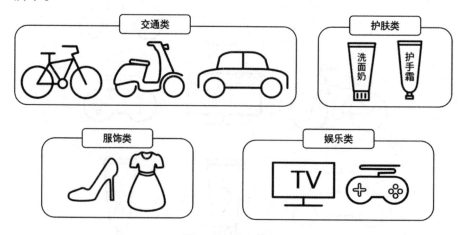

图 2-5　分组情况

　　需要注意的是,在选择或设计分组结构模型时,应着重注意信息图形、信息文字与分组结构模型三者在视觉上的协调。

又假设,我们需要为前面采用第二种分类方式的图形信息设计一个合适的分组结构。分析可知,该组信息一共被分为了两组,两组图形信息间的关系相互独立,因此,同样需要为该组信息选择(设计)一种单元结构相对独立的分组结构模型,且由于两组信息的信息量差异较大,因此,所选择(设计)的单元结构在容量上需根据相应的分组信息量进行调节,如图2-6所示。

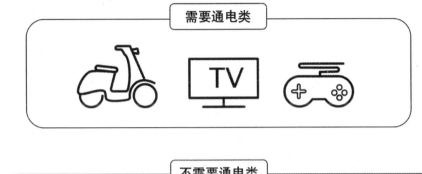

图 2-6　分组情况

根据前面的讲解,我们基本可以得出这样一种结论,分组结构模型的选择与设计,最主要的依据还是信息本身。

最后,还有重要的一点,如果在设计分组结构时,你希望读者能够按照你预期中的顺序进行阅读,那么你可以尝试为其添加序号元素,常见的序号元素有以下两种。

数字类:1,2,3…;(1),(2),(3)…;①②③…

字母类:A,B,C…;a,b,c…

(二)交集型结构——突显共性信息

交集型结构就是一种用于显示两个及以上合集共性的结构模型,该种结构一般是通过将合集元素做出重叠处理,而后在重叠区域显示共性信息的方式,来建立信息结构,而该结构的特点主要体现在突显共性信息上。如图 2-7 所示为交集型结构模型的不同表现形式。

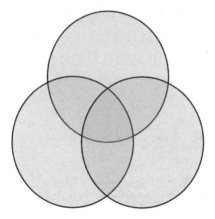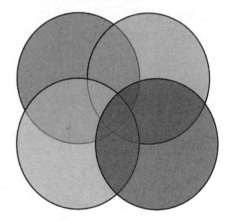

图 2-7　交集型结构模型

当我们决定采用交集型结构来编排信息时,首先要做的便是搞清楚各个信息点间存在的共性究竟有几点,这将决定着之后对交集型结构模型的设计。假设,我们需要找出如下所示这组信息的所有共性点。

> 西瓜的药用价值主要体现在清热降火、解暑除烦、除烦止渴、利小便、醒酒等方面。
>
> 梨子的药用价值主要体现在清心、生津润肺、清热降火、滋肾、醒酒、滋补等方面。
>
> 苹果的药用价值主要体现在生津润肺、补脑养血、安眠养神、解暑除烦、开胃消食、醒酒等方面。

上述信息,分别向我们阐述了三种水果的药用价值,通过寻找共性原理,可找出如下所示的四组共性点。

共性一:西瓜与梨子都有助于"清热降火"。

共性二:梨子与苹果都有助于"生津润肺"。

共性三:西瓜与苹果都有助于"解暑除烦"。

共性四:西瓜、梨子、苹果三者都有助于"醒酒"。

根据上述提炼出的四种信息共性,大致可以绘制出用于成列信息的交集型框架结构。然后,对绘制好的基本框架结构进行适当的美化处理,得到如 2-8 所示的信息视图。

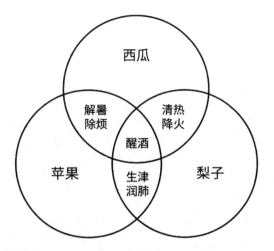

图 2-8　西瓜、梨子及苹果的药用价值共性示意图

（三）放射型结构——强调分解信息

放射型结构,就是从一个信息点出发,得到多个分解信息点,这些分解信息点与中心信息点呈放射状结构排列,这样的一种信息结构便是接下来要讲的放射型结构模型。

放射型结构是一种基于发散思维所得到的信息框架结构,简单来说,就是由一个中心信息点(关键信息点),引出多个分解信息点。当我们对这些信息点进行编排时,一般会分为以下两种形式。

一种为相对稳定的一种放射型结构,该类放射结构一般是通过单纯的连接元素将关键信息点与分解信息点串联起来。从其所呈现出的视觉效果上来看,该种结构对每一个信息点的展现相对均衡,因此显得十分稳定。

另一种为张力较强的一种放射型结构,该类放射结构一般是通过指示型元素将关键信息点与分解信息点串联起来。从其所呈现出的视觉效果上来看,该种放射结构着重强调分解信息点。

（四）流程型结构——反映流程变化

流程型结构是指根据信息的时间顺序、运动变化、逻辑关系等线索设计而成的表达推移性、承续性、连贯性等流程变化的结构类型,该结构表达的是信息在不同背景状况下的流程变化,用于反映信息推移、递进或转移过程的信息视图。其构成一般是:通过指示型元素的连接将多个流程点串联起来,最终构建出一个完整的流程结构。如图 2-9 所示为流程型结构的不同表现形式。

流程类信息图主要使用在产品说明书、事件的过程表达、历史与计划等类型的信息图之中。

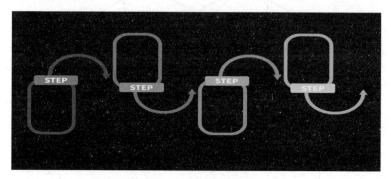

图 2-9　流程型结构

在进行流程类信息图的设计之前,我们首先需要知道究竟有哪些信息适合采用流程型结构进行编排。

一般来说,以下 4 类信息,皆可采用流程型结构进行展现。

①以时间作为序列的多项目信息组。

②以位移作为序列的多项目信息组。

③多项目信息组间存在着某种形态上的规律性推移变化关系。

④以某种推理性思维作为依据的多项目信息组,该类流程信息可能是单向型结构的,也可能是多向型结构的。

在确定了信息类型以后,便可正式进入流程型结构的设计。

在设计流程型结构时,如果项目信息(节点信息)间存在着某种程度上的递增或递减变化,或者是某事态朝着好的方向或坏的方向发展,那么可以试着在流程结构的设计中体现出来。

逐渐上升的流程型结构,能表现出一种递增变化,也可用来反映事态向好的方向发展。同理,逐渐下降的流程型结构,能表现出一种递减变化,也可用来反映事态向坏的方向发展。

上升与下降同时并存的流程型结构,能表现出一种增减同时并存的变化情况,也可以用来表现事态先往好的方向发展,而后又向坏的方向发展。

当采用倾斜的流程结构来表现信息间的增减程度时,不同信息点间流程结构的倾斜程度,可大致反映出该组流程信息的增减程度变化趋势。

除了上述提到的组织结构外,还有以下几种。

（1）循环型结构——展现周而复始的循环序列。

（2）对比型结构——明确信息差异。

（3）阶层型结构——区分信息等级。

（4）关联型结构——显示信息间的关联性。

（5）树状型结构——统筹多层级信息关系。

（6）分解说明型结构——分解局部信息。

（7）向心型结构——突出中心信息点。

第三节　信息可视化设计的视觉原理

一、信息可视化的效果

（一）建立信息识别的模型基础

信息可视化设计,并非只是简单地把信息使用视觉元素加以表现即可,而是需要结合信息的类型、传播的目的与用户的需求三方面,第一个作用是为所要传递的信息建立一个信息识别的模型,形成信息识别的架构与流程,这也正是在信息可视化设计的过程中从数据到信息的关键环节。信息模型具有以下两方面的作用:首先,信息模型能够建立起清晰明确的信息阅读流程,进而形成完整的用户心理印象,引导用户更好地获取和理解信息;其次,信息模型的建立是后期信息设计表达的基础,它将信息的设计表达都限定在了一定的范围与方向之中,确保信息设计表达的完整性、条理性和可控性。

（二）转换信息的存在形态

可视化的第二个重要作用表现在能够转换信息的存在形态。数据和信息通常以抽象和不可见的形态存在,非常不利于受众的获取和理解,而可视化正是利用了设计的力量将无形的、不易被理解的抽象信息转换为有形的视觉化信息形态,让信息的传递变得更加直观和简明。

（三）丰富信息表达的语汇

如何让有形的信息看起来更加生动、便于理解，这便是可视化的第三大作用。使用多形式的视觉元素与多元化的设计手法去丰富信息表达的语汇，拓宽信息传递的渠道，让不同类别、不同层次的受众群体都能够更好地接受和理解信息图所要传递的内容。

（四）实现信息的多维度解析

可视化对于信息的多元设计表达方式让信息彻底告别了过去的单向解析，进入了多维度解析的时代。这其中最重要的是可视化使用了生动亲切的感性方式来表达抽象的信息，使得用户能够透过表象去认识信息的本质，将对信息的理解从感性认识提升到理性认识的高度，真正实现了信息的无障碍传播与准确理解。

二、信息可视化设计的过程

信息可视化设计过程就是设计师对信息的提取和挖掘不断深化的过程。根据戴夫·坎贝尔提出的知识建构模型，知识或智慧的获取必须经历对原始数据的去粗取精、去伪存真的过程，也就是洞察力不断深化的过程。接下来对信息可视化的过程进行细致阐述。

（一）信息架构设计原则

著名技术理论家凯文·凯利说过："思想就是对信息的高度提炼。当我们说'懂了'，意思就是这些信息已经产生了意义。"因此，认知能力就是大脑对现象的解读，并从中提取出生存的知识或智慧。因此，信息架构师的作用就是对信息进行建构和梳理，并通过一系列方法实现这个过程。无论是网站还是信息图表，所有的信息架构都不应该是凭空完成的，而是从用户需求出发的信息产品设计过程。2006年，信息架构师丹·布朗提出了著名的信息架构的八项原则，即内容新颖、少就是多、提供简介、提供范例、多个入口（网站）、多种分类、集中导航和容量原则（网站）。

作为资深网站 UX 设计师和信息架构师，丹·布朗提出的这八项原则可以作为设计网站和信息可视化产品的出发点。对这些设计方法我们需要进一步解读。

（1）对象原则。该原则认为内容应被视为有生命的东西，它具有生命周期、行为和属性，因此信息的时效性、新颖性和前沿性至关重要。

（2）选择原则。少就是多，无论从认知心理学还是信息设计实践，少就是多无疑是一条颠扑不破的真理。例如，三层网站结构和扁平化、瀑布流界面设计原则，都是为了尽量减少信息的层次或深度，让用户一览无余地进行选择的实践总结。Pinterest 网站的结构就是这种信息扁平化设计的范例。

（3）披露原则。无论是书籍、信息图表、网站或者社交媒体，在标题下都应该提供简介、摘要、内容提要或预览。提供简介或摘要不仅有助于用户快速了解更深层次的信息，而且也使得网站或手机的内容导流及产品推广成为可能。

（4）示例原则。复杂而抽象的信息图表令人生厌，也使得读者敬而远之。因此，通过范例来通俗化、情感化图表内容是信息设计师必备的素质之一。

（5）前门原则。假设至少有 50% 的用户可能使用与网站首页不同的入口点。因此，网页设计师应该提供导航、搜索、关键词或更灵活的接口。

（6）集中导航。信息设计师应该保持目录或导航结构简单清晰，切勿混淆其他事物，让读者在信息的汪洋大海中无所适从。

（7）容量原则。网站的信息内容往往会随着用户的积累和口碑而不断丰富，特别是新闻、电商或是科普教育类网站。因此，设计师必须确保网站具有可扩展性。

（8）多种分类。灵活的分类方法是吸引用户的重要手段。以 Dribbble 和 Pinterest 网站为例，这两个网站提供了关键词搜索、同类图片自动聚合和标签栏等几种不同的分类方案。这样不仅丰富了页面的信息，而且也提高了信息检索效率。

（二）信息可视化设计流程

根据信息架构设计的原则，我们可以总结出信息可视化的一般设计流程（图 2-10）。

信息可视化设计从数据收集开始，随后进入数据组织阶段，即信息组织化阶段，此阶段包括信息再排列与信息归类，在此阶段需要数据整理者具备严密的理性思维。

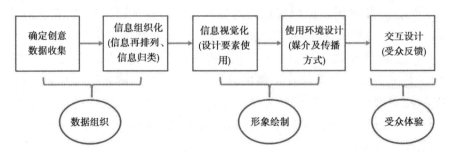

图 2-10　信息可视化设计流程图示

　　以上所述两个步骤可以称为信息模型建构阶段,主要工作就是处理信息,为信息建立一个组织结构关系,主要的工作包括搜集与整理信息,理解信息并运用信息结构模型进行信息的关系表达。在搜集与整理信息环节,信息如果不是由设计委托方提供的,就需要设计师自行搜集,这些信息可能会来自互联网、书籍、考察、咨询问答等形式,严格来说,在此阶段搜集到的还不能完全算是可用性的信息,而是一些多样庞杂的数据,因此必须要对这些数据进行筛选和分类,在此基础上去理解和消化这些数据,彻底理解数据的含义指向、组织结构与变化规律,建构起能够表达信息结构关系的模型图,真正完成从庞杂数据到有用性信息的转换过程。第三个阶段是对整理好的信息进行形象绘制,包括信息视觉化(设计要素使用)与使用环境设计(媒介及传播方式)两个方面。该阶段的概念设计是关键,设计师在这个阶段确定信息可视化作品的风格。最后一个环节是受众体验,即交互设计(受众反馈),多数细节的完成都是在这个阶段,那么接下来便进行详细分析。

　　1. 确定创意,数据收集

　　(1)可视化设计的创意策略。20 世纪 60 年代初,美国智威汤逊广告公司资深顾问及创意总监、当代影响力最深远的广告创意大师韦伯·扬应朋友之邀,撰写了一本名为《创意的生成》的小册子,回答了"如何才能产生创意"这个让无数人头疼的问题。韦伯·扬堪称是当代最伟大的创意思考者之一。他提出的观点和一些科学界巨人,如罗素和爱因斯坦等的见解不谋而合,认为特定的知识是没有意义的。正如芝加哥大学校长、教育哲学家罗伯特·哈钦斯博士所说,它们是"快速老化的事实"。知识仅仅是激发创意思考的基础,它们必须被消化吸收,才能形成新的组合和新的关系,并以新鲜的方式问世,从而产生真正的创意。

韦伯·扬认为"创意是旧元素的新组合",这是洞悉创意奥秘的钥匙。韦伯·扬指出:我认为创意这个玩意具有某种神秘色彩,与传奇故事中提到的南太平洋上突然出现的岛屿非常类似。在古老的传说中,据传这片海洋会突然浮现出一座座环形礁石岛,老水手们称其为"魔岛"。创意也会突然浮出意识表面并带着同样神秘的、不期而至的气质。其实科学家知道,南太平洋中那些岛屿并非凭空出现,而是海面下数以万计的珊瑚礁经年累月所形成的,只是在最后一刻才突然出现在海面上。创意也是经过一系列看不见的过程,在意识的表层之下经过一定时期的酝酿而成的。因此,创意的生成有着明晰的规律,同样需要遵循一套可以被学习和掌控的规则①。

创意生成有两个普遍性原则最为重要。第一个原则,创意不过是旧元素的新组合。第二个原则,要将旧元素构建成新组合,主要依赖以下能力:洞悉不同事物之间的相关性。例如,带有复古风格的信息图表系列海报就产生了令人耳目一新的感觉。统计图表往往给人刻板的印象,如果结合生动的插图或其他视觉元素就可以大大改善。再如,设计师可以运用丰富的色彩和带有隐喻设计,使抽象图表与生动的图像产生关联性,让数据表达不再枯燥乏味,由此大大增强了图表的趣味性和可读性,这就是可视化设计的创意策略。

(2)资料收集与设计研究。韦伯·扬指出:"收集原始素材并非听上去那么简单。它如此琐碎、枯燥,以至于我们总想敬而远之,把原本应该花在素材收集上的时间,用在了天马行空的想象和白日梦上了。我们守株待兔,期望灵感不期而至,而不是踏踏实实地花时间去系统地收集原始素材。我们一直试图直接进入创意生成的第四阶段,并想忽略或者逃避之前的几个步骤。"因此,收集的资料必须分门别类,悉心整理。例如,可以用计算机分类文件夹或卡片箱建立索引。通常,如果设计主题和方向确定之后,为了尽快熟悉所要表现的内容,设计师可以先从网上调研开始。例如,要制作一幅反映冠状病毒引发流感的设计图表和宣传海报,就可以先从"冠状病毒"或 Coronavirus 等几个关键词入手。

---

① 李四达.高等学校数字媒体专业规划教材 信息可视化设计概论[M].北京:清华大学出版社,2021.

同时,设计师也可以从国内外的信息资源网站中搜索关键的图片、文字或相关视频资料。很多网站都提供了关键词搜索、标签栏搜索,还可以通过"以图找图"的方式,通过谷歌图片搜索、百度图片搜索查找相关的资源。此外,如 Pinterest、Tumblr、DevianArt、花瓣网、站酷、dribbble、WallHaven、Behance 等图片网站也提供了大量的分类资源或创意素材。

调研工作的意义在于为后期的设计奠定坚实的基础。很多情况下,由于专业领域的不同或信息的不对等,客户不一定清楚图表或插图最终是什么样的。这时候就需要设计师和项目负责人一起研究,通过借鉴同类信息图表和客户的要求,想象出最终图表的风格与版式设计。在这里我们必须要思考的问题包括:"为什么而设计?""这个信息图表属于学术性/科普性还是新闻类?""这些观众有什么特点?""他们的知识范围是什么?""这个图表要强调什么内容?""最后作品的形式和承载媒体是什么?""用户能够接受哪种表现形式? 具象的还是抽象的? 色彩还是灰度? 整体设计风格要活泼一些还是严肃一些?"等。只有这些问题都搞清楚了,我们才能有针对性、有目的地搜集素材,才能确定设计原则和步骤。

丰富的数据资料是图表设计准确性、可靠性的基本保证。许多貌似简单的问题背后都有深刻的专业背景和因果关系的探索。例如,什么是冠状病毒? 冠状病毒是如何传染肺炎和流行的? 这种病毒的致病机理是如何发生的? 对病毒性肺炎的防治措施是如何实现的? 这些问题涉及病毒学、传染病学、大数据分析、统计学、社会学以及公共卫生学等多个学科,要回答这些问题并设计出让人耳目一新的信息图表,如果不咨询专家或检索、查阅大量的文献,几乎是无法完成的任务。因此,资料收集、检索和整理分析就是设计师前期的主要工作。如果时间充裕,设计小组可以通过专家访谈、图书馆资料检索、现场走访调查获得第一手资料,此外,通过谷歌、百度搜索,专业论坛搜索,分类图片搜索,知乎问答以及中国知网等都可以寻找或者挖掘出有用的资源、素材或者数据。

对各种素材的收集和整理也是博物学家或者人类学家的职业特征。1859 年,英国博物学家达尔文就在大量动植物标本和地质观察的基础上,出版了震动世界的《物种起源》。设计师通过建立剪贴本或文件箱来整理收集的素材是一个非常好的想法,这些搜集的素材足以建立一个用之不竭的创意簿。强烈的好奇心和广泛的知识涉猎无疑是创意的法宝。收集素材和资料之所以很重要,原因就在于:创意就是旧元素的新组合。例如,IDEO 设计公司的专家也都有各自的"百宝箱"和"魔术盒",这些可以成为激发创意的锦囊。斯坦福大学的创意导师们也一再强调资料收集、调研和广泛涉猎的重要性。

2. 数据组织

(1)数据处理。信息可视化的第二阶段的任务就是信息组织化,收集的资料必须充分吸收,可以通过绘制草图,将两个不同的素材组织在一起,并试图弄清楚它们之间的相关性到底在哪里。对于信息设计师来说,这个阶段的主要任务是:①整理、分类相关的图片、数据和文字信息;②尽快画出信息构架草图、线框图,形成可视化的方案;③明确图表式插图的故事线索;④明确设计的重点和主次关系;⑤审核数据的准确性和可信度;⑥调研跨媒体方案的可能性;⑦尝试多种作品形式的可能性。著名人机交互专家、微软研究院研究员比尔·巴克斯顿在其专著《用户体验草图设计:正确地设计,设计得正确》一书中指出:"草图不只是一个事物或一个产品,而是一种活动或一种过程(对话)。虽然草图本身对于过程来说至关重要,但它只是工具,不是最终的目的,但正是它的模糊性引领我们找到出路。因此,设计者绘制草图不是要呈现在思维中已固定的想法,他们画出草图是为了淘汰那些尚不清楚、不够明确的想法。通过检查外在条件,设计师能发现原先思路的方方面面,甚至他们会发现在草图中会有一些在高清晰图稿中没想到特征和要素,这些意外的发现,促进了新的观念并使得现有观念更加新颖别致。"

(2)确定信息模型。信息模型,简单来说就是用于表达信息关系的一种工具,其作用在于更好地理解与组织信息,为接下来的信息设计表达做好准备。信息模型根据其作用不同可分为结构模型和图表模型两大类。

信息结构模型在前文已有介绍。

信息图表模型,是指用于整理与表现各种数据变化的模型样式,主要用于分析各类数据的比例构成、趋势变化等情况。信息图表模型来源于各类统计图表,是在统计图表的基础上以图形来构建的用以表达各类数据的工具,目的是使受众能够更加轻松直观地获取和了解枯燥乏味的各种数据。根据所要表达的不同数据类型,图表模型主要分为三种类型:饼图类模型、柱形图类模型、折线图类模型。

3. 形象绘制

此阶段的主要工作就是在前一阶段工作的基础上,对已经整合的信息使用视觉语言进行设计表达。简单来说,信息设计表达是指在视觉传达设计的理论知识的指导下,结合需求进行设计定位之后,利用版式、图形、色彩、文字等要素的力量,为信息图营造一个完整、独特和美观的风格形式,最终促进信息的表现与传播。

对于设计大多数信息图来说,在具备一定的想法以后,实施设计的第一步就是为信息图选择一个恰当的版型。下面,将介绍几种在信息图设计中较为常用的版型效果。

信息图的版式设计,主要是指在已确定的设计风格的指导下,为信息图选择一个适合的版面式样,这也是信息设计表达的重要工作之一。简单来说,信息图版面式样的选择主要取决于以下两个要素。

第一,模型布局的支配作用。在信息模型建构的阶段,已然明确的是信息的组织结构与层级关系,因此在选择版式的时候,必须以此为主要因素,考虑版面式样是否适用于信息结构模型与图表模型的设计编排,这是因为信息模型都有其明确的布局结构,信息模型的布局结构是决定信息图版面式样的关键要素,具有重要的支配作用。

第二,合理的读取流程是基础。除了信息模型的支配作用以外,信息图版面式样的选择还需要充分考虑受众的阅读习惯。经过分析,从左至右、从上到下、顺时针旋转是能够适应普通人最基本的阅读习惯的三种读取流程,因此在版面式样的选择与设计中需以此为基础进行充分斟酌。但对于比较复杂的版面,在进行版面编排时则需要将这三个读取流程进行综合考虑,明确先看什么,后看什么,在版面上形成完整清晰的读取流程,增强信息的传递效果。

这一步还有以下细节需要注意。

①选择合适的视觉风格。

②从手绘到高清图表的设计。

③确定有效和美观的视觉方案。

④明确图表的吸引力。

⑤标题、版式、色彩、动效设计。

⑥软件 PS/AI/AE 的综合实践。

信息视觉表达是整个信息可视化设计流程中最困难的阶段,在这个阶段中,所有的信息都必须要运用视觉设计的手段与方法,转换成能够被人眼所识别的视觉元素类型和能够被大脑所理解的直观信息类型,因此要求设计师除了要拥有娴熟的设计表现手法外,还要对信息属性及相关领域的知识有较为深入的了解,才能设计出不仅通识性强,同时具有专业高度,并且视觉效果美观的信息可视化设计作品。

4.受众体验

信息可视化的第四个步骤就是与客户沟通并演示设计。从简单草图到高清信息图表,设计师必须明确概念设计的用户类型和图表所表达的主题。例如,学术类和科普类的插图往往对于数据的准确性和完整性有较高的要求,特别是对信息的可靠性与数据量有更严格的标准。但以时效性和普及性为核心的新闻 / 媒体类图表、插画或者动画,更强调信息的快速、美观和生动的标准。即使在科技插图的表现上,专业读者与普通读者的要求也是不同的。通常来说,数据可视化更偏向对数据集的分析与图表呈现,形式上类似学术论文的插图更抽象、更专业一些。而信息可视化更面向大众,带有更多的信息诠释类插图或说明图,即使是科技图表(Illustrated Diagrams)也以普通读者能够解读的趋势、动态或规律性表现为主,表现形式更为生动和美观。面向大众的科普杂志或网站的用户定位就属于这个范畴。

综上可知,信息可视化设计的流程,是一个理性思维与感性思维共同作用的过程,主要由信息模型建构、信息设计表达两个环节组成。信息模型建构阶段主要完成的是处理信息和建立信息组织结构关系的工作,因此起作用的主要是科学严谨的理性思维;在信息设计表达阶段,对已经处理好的信息进行图形化视觉设计与表现是此阶段的主要任务,因此自由洒脱的感性思维在此阶段起着重要的支配作用。因此,信息模型建构、信息设计表达这两个阶段缺一不可,共同组成信息可视化设计的完整流程[①]。

三、视觉构成要素

我们生活在信息社会、资讯时代、多媒体世界,视觉广告传递已不是

---

① 张毅,王立峰,孙蕾.高等院校艺术设计专业丛书信息可视化设计 [M].重庆:重庆大学出版社,2017.

某时某地的特殊景象,而是一种常态。研究表明,在人们所接收的全部信息中,80%以上都是通过视觉获得的。看见、描摹、绘写、设计,实际上,从人类文明一开始,视觉的表达与传递便是交流沟通的重要元素。海德格尔说,"我们正在进入一个世界图像时代……"有先哲预言,人类的语言将随着时代进步而被改革,文字会让位于立足于图像的新型交流系统。约翰·惠特尼说:"我们都将成为精通图像的人。"在心理学研究领域,弗洛伊德也认为视觉思维最为接近人的深层"无意识"。所有一切表明,人类正在进入一个"全世界读图的新时代"。视觉图像思维将成为现代人把握世界和相互交流沟通的重要手段,那么,视觉构成要素主要有明度、色相、质感、形态、位置、方向、大小、排版。下面逐一进行阐述(图2-11)。[①]

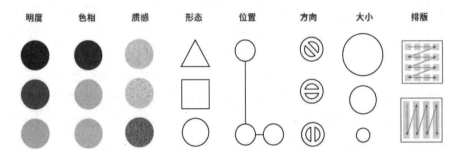

图2-11 视觉构成要素

(一)明度

和颜色、字体一样,明度也有含义。我们会对事物的明暗程度产生本能反应,这一点在地图设计中尤为明显。

明度差异会影响我们对设计的理解——合理的明度设定有助于理解设计,不合理的明度设定则相反。

所有地图都有表示可以穿行的元素,比如街道、道路、小径、河流和运河。不同的元素有着不同的穿行速度,例如穿过公路和街道就比在野外远足耗时更少。还有一些无法穿过的元素(除非有门),例如建筑物和墙。

除此之外,也有中性元素。我们可以在上面行走,但它们存在的意

---

① 吴秉根,姜成俊.信息设计教科书[M].首尔:Ahn Graphics, 2008

义并不是供人行走,例如背景、未使用的空地、草坪、树林以及水域。

在地图中,如果这些中性元素的明度适中,那么开阔的行进路线和无法穿越的深色元素在明度上也应有所区分,这也是一种既理性又实际的设计。

明度的心理效应:在信息图的色彩设计效应中,由于色彩的明度不同而在视觉上产生膨胀与收缩的色彩感。一般明度高的色彩有膨胀感,明度低的色彩有收缩感。灰色与白色相比,白色就呈现膨胀感。这也取决于色彩对比,这种色彩的对比有强烈的视觉效果,极富宣传性。

（二）色相

色相的心理效应:研究显示,暖色调通常引起快乐、积极、刺激与兴奋的情绪;而冷色调则暗示冷淡、肃穆、忧郁。由于国家、种族、宗教和信仰的不同,以及生活的地理位置、文化修养的差异等,不同人群对色彩的喜恶程度有很大差异。在英语中,"feeling blue"意为"感觉悲哀",因为 blue 在英文中有忧郁、悲伤的含义。类似的用法还有"in the pink"指"情况良好"。

（三）质感

肌理语言的表现手法,顾名思义,即是对视觉语言纹理化处理,也是对作品的添加与装饰的表现,使之更具有表现力,更加丰富画面视觉效果。肌理语言可用人工合成,如绘画工具表现的肌理,生活中的纹理物品加工合成的肌理等,也可以用大自然中的肌理合成,如大自然中存在的物象的自然肌理语言等。

（四）形态

形态是指事物的表现形式或者说模样、某种构造或组成整体的构成体一定的形式,即特定的形式可以成为象征或语言。图标或象形图的形态应为能让使用者简便的理解其语义的符号,所以在设计上其应当能简洁表现出所要表现的内容,同时在不造成代表性信息损失的前提下,让使用者一眼就能看懂[①]。另外,这种图标形态应当能被所有人接受。特

---

① 李贤珍.以活动性成人的有效交流为目的的智能手机图标设计分析[D].首尔:世宗大学.2014.

别是在全球化的当今社会,形态上的普遍性已经成为象形图设计的基本前提条件。

（五）位置

信息通过造型要素之间的相对性关系进行传达,这种关系又通过重叠、相邻、相离等手法在信息框架内形成。例如,地图或图表就可以通过 X 轴或 Y 轴上的数值信息来表现属性,位置变因在这其中有着非常重要的作用。

（六）方向

凡是带有方向的形象都应按照一定的韵律有节奏地变换方向（渐变）,或将同一方向中的个别元素方向突变形成变异效果。在版面编排过程中最常见的是垂直与水平方向的对比,垂直线冷静、鲜明,性格明确;水平线沉着、理智,稳定感强;斜线多变、活泼,不确定。编排时,应以一种方向为主并进行适当对比,会使画面准确、紧凑而协调。

垂直方向的物体比水平方向的物体重,但最重的是倾斜的物体。如果说视觉重量是关于吸引眼球到特定的位置,那么视觉方向就是引导眼球到下一个位置。视觉方向是对视觉力量的感知。如果元素正在运动中,那想一下你期望的元素的移动方向。视觉方向和视觉重量有着相似的功能,视觉重量是想让你注意到作品中的某一部分,它在兴奋地对你说"嘿,看我这!"而视觉方向却在对你说"嘿,看那边!"

（七）大小

通过大小表现信息的手法主要应用于定量型（数值性）信息的表现。大小可以分为长度和面积。例如,图表使用长度来体现数值信息的大小,而饼形图则使用面积来表现数据的大小。

（八）排版

将文字或图片等内容进行有效的整理、排列,即对画面进行整体性排列、分割,构成要素的排列即可制造出传达信息的体系。在通过排列使图标更加清晰可视的同时,也能让整体画面构成看起来更加统一。在构造画面时,需要考虑认知和实用性,并根据图标的功能或使用目的对其进行归类（grouping）和决定其排列顺序。另外,为了有效突出特定的信息,对留白、图标以及其他要素之间的空间构成和要素之间的大小比例需要做出适当的调整。

在美国药店买处方药的时候,你会拿到一张处方药购买信息表,上面有药瓶上常见的处方药信息(例如你的姓名、开处方的医生、药品名称、药品剂量、用法用量;如果是安眠药的话,还会贴一个小标签要求患者不得操作重型机械),外加好几页详细信息。不过这些信息排列混乱、内容也烦冗无聊,只不过文档的组织形式让人乍一看觉得这些信息十分重要。这种处方药购买信息表(也叫病患信息表)是必备的,以便病人能正确服用处方药,了解药物的用量、副作用以及如何应对药物反应。因此,表格应当设计得清晰明确、简单易懂,组织结构清晰,让重点一目了然。

信息设计其实就是设计适合内容和受众的形式。因此,在这个案例中,这些既是文字编辑又是设计师(如果二者之间的确有差别的话)。他们不仅要重新组织文字,还要创建文本及其表现形式,并且将有效信息展示出来,让信息得到最大限度的传播。

四、可视化中的认知心理

(一)视觉认知

在视觉认知心理课中我们讲到每个人凭借视觉认知心理对事物进行选择、判断、识别、辨认、记忆等。在认知过程中,人的大脑经过视觉注意、视觉理解而产生视觉情绪。人的视觉是由明暗、色彩、运动、空间、形状等因素共同构成的,而这些外在的刺激除了帮助我们认知世界外,还影响我们的心理感受、情绪。视觉情绪主要体现在颜色的心理效应上。实验证明颜色可以影响人的情绪、行为。例如在绿光照射下人的听觉感受力提高,在橙黄色照射下感觉温暖等。

人们观察外界的各种物体,首先引起反应的是色彩,它是人体视觉诸元素中对视觉刺激最敏感、反应最快的视觉信息符号。对色彩的注意力占人的视觉的80%左右,对形的注意力仅占20%左右。所以色彩在信息可视化中有着举足轻重的作用。在视觉设计中,表情的特征是色彩领域中重要的研究对象之一,理解和熟悉色彩给人的心理效应和形成色彩表情特征的原因,有助于全面地理解色彩,自如地运用色彩,为信息图设计创作开拓广阔的空间。

（二）中国人的视觉认知

1. 综合性思维特征

综合性思维是指人们在思考问题时将不同的事物或多种类型的事物联系到一起，或将各个部分和各个属性结合成一个统一的整体来思考的思维方式。这种思维方式通常会宏观、整体、概括地思考问题。

中国人的综合性思维的形成归因于中国几千年以农业生产为主的生活方式。生活方式决定了人民的认知方式，从而影响着思维方式的形成。正是自古以传统农业生产为主的生活，使人们的生活方式很大程度上依赖于大自然，所以中国人非常注重与自然的和谐相处，遵循自然的变化和法则。《道德经》中曾讲到的"人法地，地法天，天法道，道法自然"，正说明了中国人对大自然崇拜的哲学思想。这是中国人在思考问题时，习惯于抛开事物个别表象，而去探索事物发展的规律，再将规律应用于认知事物的实践当中，从宏观的角度观察事物，分析观察事物之间的因果规律，从而得出与事物相关的规律。

2. 形象性思维

形象性思维，是指人在传递信息的时候，不是通过抽象逻辑演绎的方式，而是用比较直观的形象来表达的思维方式。这种思维方式通常通过类比、比喻、具象描述的方式来认知和传达客观事物的本质和规律。

形象性思维特征的形成中提到和中国"取天之道""天人合一"的哲学观念密切相关，《易·系辞下》："古者包牺氏之天下也，仰则观象于水，俯则观法于地，观鸟兽指纹与地之宜……于是始作八卦，以通神明之德，以类万物之情"这个传说说明来中国人对视知觉对开发是透过"观象""取法"活动，以视觉能力创造了文明，充分表现了中国人的形象性思维特征。

3. 意象性思维

意象性思维，是指人在信息传达时，既不完全采用抽象逻辑的方式，也不完全采用直观的形象，而是采用介于抽象和形象之间的形式来进行传达的思维方式。这种思维方式表现出来的事物通常比直观具象的事物更深刻,比抽象的事物更通俗易懂,具有含蓄委婉的特征。

这种思维方式深受中国传统中以"和"为贵思想的影响,它使中国人讲究中庸之道,在表达上更崇尚含蓄委婉,通常表现为借物抒情、借物言志,用意境传达自己的心境和思想,耐人寻味。

4. 辩证性思维

辩证性思维也是深受中国传统哲学影响而产生的思维方式,它是指人辩证地认识事物,认为任何事物都具有两面性,都要一分为二地看待,既看到了事物好的一面,又看到不好的一面,并且认为两方面是相互融合、相互共存并相互转换的关系,这种思维方式表现为周全、谨慎、辩证地认识和看待事物。

辩证性思维特征深受道教影响,《道德经》说:"祸兮,福之所倚;福兮,祸之所伏",中国古代还有"塞翁失马,焉知非福"的故事等。辩证思维实质上表现了中国人的中庸,和谐共荣的民族精神。

根据以上中国人的视觉认知特点,可以得到中国人的视觉表现方式主要为以整体为主的视觉表现、以意象为主的视觉表现、以均衡为主的视觉表现等。

综合性思维在视觉表现上体现为全面、整体。在艺术创造上也喜欢繁复、比较完整的表现方式。形象性的思维方式,使中国人注重寓意和意境、注重对客观事物原始状态的认知。在视觉表现上多以意象的形态为主。辩证性的思维方式使中国人在艺术表现上倾向于对称和均衡,所以在中国人审美中,认为饱满、圆滑、方正的视觉形象更显得大气、得体,表现出太平、吉祥圆满的喻义[①]。

(三)视觉认知表现方法

中国人的视觉认知表现方法为通过概念形成、元素选取、组织表现等来形成体系性的思维。在概念的具现化过程中,选取象征性的、传统符号要素,将内容抽象化、概括化、规律化。抽象化是指表现内在属性的方法,概括化是指将次要的信息舍弃的方法,规律化是指使用对称、均衡的形式弱化自然形态的特征,强化和谐和美的特征,并在其中加入信

---

① 赵妍.中国传统思维的借喻手法在图形设计中的创新应用 [D].北京:清华大学,2013.

息内容的方法。

概念形成、元素选取、组织表现三者的内在关系表现为,概念是主导性和决定性的,元素是承载概念的直观性的搭载体,而组织表现形式是具体内容的传达方式。三者的先后顺序表现出了概念的抽象化的过程。其具体表现方法如图 2-12 所示。

图 2-12　视觉认知表现方法

概念的形成一般需要在传统文化或历史当中寻找灵感,这不是为了从传统文化中获取养分或是可以借鉴的事例,而是为了找到了大众认可的精神价值和大众熟悉且愿意分析的表现形式。所以,从传统文化中提取观念,形成新的认知,将传统要素符号作为载体,以符合传统思维方式的方法进行设计,具有现代化设计主题和传统文化的联系。

视觉设计中传统要素属于构成的一部分,各要素可以传达和强化文化内涵。传统要素既是语言,也包含有特定的信息要素和独特的精神属性,所以在设计中需要选择符合整体设计风格的要素,按照信息层级进行安排处理。

在组织表现中,利用传统符号要素的多样性,形成民族个性化和信息层级关系,按照设计思维法则和形式,设计思维方式和规范,构建相对应的信息层级序列,这样就能表现出要素间的内在联系。

（四）信息导图绘制

在了解信息解读之前,我们需要先了解信息导图绘制(Mapping)。导图绘制是指将数据按照符合人类的认知构成和认知过程的形态进行再处理,以方便人们接收和理解信息。通过导图绘制,信息就具有了视觉结构,视觉结构可以理解为表现信息构成和信息之间的关系的设计图。有效的导图绘制可以提高信息的分辨度,创造能减少错误理解,并且能提高理解速度的视觉构造[1]。在设计导图之前,首先需要了解使用者的视觉认知习惯。只有先设计视觉方向和阅读顺序才能有效地抓住

---

[1]　吴秉根,姜成俊.信息设计教科书[M].首尔,Graphics,2008.

使用者的视线,准确地传达设计内容。根据视觉心理规律,我们在阅读时,会首先在大脑中确定一个认知顺序,如上—下、左—右、颜色—无色、前—后、大—小、人—风景、图片—背景等。

　　在全球化时代,现代中国人的基本信息阅读视觉方向与其他国家的视觉方向差异不大(表2-1)。所以以基本视觉方向为基础,并结合中国传统事例中可以应用的排版、图形、叙事方式等视觉特点来设计信息导图绘制模型。

表2-1　中国人视觉认知模型

模型			
	基本阅读视觉流线	中国传统事例表现	中国人的信息导图绘制
东巴经书形式			
特点	阅读方向为从左到右、从上到下的排版方式		
五行循环形式			
特点	依据五行中相生相克的关系,采用顺时针循环的排版方式		
汉字构成法			
特点	采用左右、上下、包围等结构进行组合排列		

　　本书参考东巴经书、五行循环图、汉字构成法的特点,对中国人的信息导图绘制的基本模型进行了设计。东巴经书以叙事性的方式让象形文字组成的内容像句子一样可以阅读,所以设计为句子形式的基本模型。五行循环图具有平衡性和循环性的特点,所以设计为按照时钟方向

顺时针循环的模型。按照汉字构成法通过文字组合的方法创造新语义的方式,设计为整体性模型。其具体内容如下。

1. 东巴经书形式

纳西族的东巴文始于 19 世纪末,东巴文几乎所有的字形都是使用象形的方法写就,是非常原始和绘画性的文字。纳西族所信奉的东巴教的男巫使用该文字来书写经书,所以该文字被称为东巴文。

东巴文既是一种符号,也是一种对应方法。通过勾画出事物的形态来说明事物和表现事物的存在。由于其象形文字的特性和人类的生存的自然环境和生活方式的相似性,所以对于不同国家不同语言的人来说,在理解上也不会有太大的差异。另外在文字与图片相近的情况下,也能帮助人们对该文字的理解(图 2-13、图 2-14)。

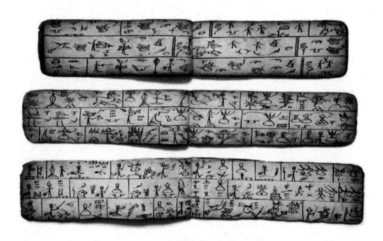

图 2-13   东巴经书

2. 五行循环图

五行最初指的是“自然界里的五种物质”。《春秋繁露》中对“行”的解释为“行者行也,其行不同,故谓之五行”,就是说“行”是运动和变化,是生生不息的。《白虎通》说“五行者,何谓也,谓金木水火土也。言行者,欲言为天行气之义也”,说的是“行”为天地运转的气。简而言之,“五行”即是“循环运动的五种基本力”。

图 2-14 东巴经书《白蝙蝠取经》

在东方文化中,阴阳是指世界上一切事物中都具有两种既相互对立又相互联系的力量,阴阳五行是中国古典哲学的核心,为古代朴素的唯物哲学。另外五行论的变化原理和规律源自相生和相克。五行中的五种基本动态之间有着辅助或克制的关系,这两种关系我们分别称为相生和相克。阴生阳,阳生阴的关系属于相生,阴阳相互对立的关系属于相克。相生关系的顺序为火生土、土生金、金生水、水生木、木生火。相克关系的顺序为火克金、金克木、木克土、土克水、水克火。相生相克的具体关系——五行循环不同如表 2-2 所示。

表 2-2 五行循环图

相生相克关系	相生关系	相克关系

3. 汉字构成法

中国汉字是形、音、意的统一体,即汉字不仅能表形和音,也能表意,这是汉字比较特殊的地方。在现代中国汉字的发展过程中合体字这种文字构成法有着相当广泛的应用。合体字是指两个和两个以上的独体字合并合成的文字,如"明"由"日"和"月"组成。合体字构成法不仅仅是简单的形态上的组合,更能通过语义的结合形成全新的语义。这种构成法尤其在吉祥语中被广泛使用。吉祥语是一种通过多个汉字的组合形成特殊语义且具有装饰效果的文字。如表2-3所示,各个汉字通过共用某一个构成部分来达到一种有机组合的整体形态。远看像是一个汉字,其实是四个汉字的组合,这样的组合有着很强的形态美感和丰富的趣味性。这种吉祥语常常出现在年画或是民间风俗画、剪纸画中,代表着人们对于幸福生活、健康长寿、事业欣欣向荣的美好愿景。

表2-3　吉祥语事例

合体字					
寓意	招财进宝	日进斗金	黄金万两	吉祥如意	金玉满堂

五、信息可视化设计风格

风格,简单来说是指信息图的整体形式面貌,优秀的信息可视化设计作品的风格通常具有完整性、独特性与审美性三个特点。信息设计表达的第一重任务就是确定作品的风格类型,风格类型的确定为版式、图片、色彩与文字等设计元素界定了一个明确的设计方向,使接下来的设计工作得以在一个有序的框架之中进行。

(一)制造统一与变化

在信息图设计中,风格的作用首先在于制造统一与变化。众所周知,信息图所包含的内容非常多,各种图形信息、文字信息、色彩信息等,纷繁而杂乱,一旦统一不好,就会形成视觉污染,给信息的表达与传递形成障碍。因此,风格的第一个作用就是统筹这些信息元素,将其限定在一定的形式框架之中,形成井井有条的设计序列。除了统一外,风格还有制造变化的作用,在不同信息组别之间,在风格统筹下运用设计变化产生对比,以对比突显不同信息组的信息焦点,形成信息视觉中心,增强信息传递的有效性。

（二）扁平化设计是趋势

扁平化设计并不是具体指某一种设计风格类型，而是信息可视化设计风格发展的一种趋势。扁平化设计是极简主义设计发展的必然结果，具备顺应时代发展和符合大众审美需求的优势特点。扁平化设计简洁大方，视觉效果明快，能够恰到好处地突出信息主体；同时扁平化设计还能与多种设计风格融合，形成个性鲜明的全新扁平化设计风格来满足不同信息主题与内容的表现需求。此外，在动态可视化逐渐盛行的时代，相比拟物化设计烦琐丰富的细节、较慢的读取速度与较高的制作成本，扁平化设计的轻快体量更能满足动态制作的需求。

第四节　信息可视化与受众

一、网页中的信息可视化

（一）设计原则

什么是优秀的网页设计？从心理学上说，无论是手机中的网页还是电脑中的网页，其能够打动人心的地方或者说符合人性的设计就是好的设计。因此，从深层上理解，心理学家唐纳德·诺曼所提出的本能层、行为层和反思层的设计思维应该是把握设计原则的关键。做设计的核心在于揣摩人性，而"情感化设计"归根结底就是对人性的把握和理解。针对页面设计有以下几个设计原则。

1. 简洁化和清晰化

简洁化的关键在于文字、图片、导航和色彩的设计。通过简洁的图标与丰富的色彩，服务流程更加清晰流畅。清晰的界面不仅让人赏心悦目，而且能够保证服务体验的透明化。

2. 熟悉感和响应性

人们总是对之前见过的东西有一种熟悉的感觉，自然界的鸟语花香和生活的饮食起居都是大家最熟悉的。在导航设计过程中，可以使用一些源于生活的隐喻,如门锁、文件柜等图标,因为现实生活中,我们也是通过文件夹来对资料进行分类的。例如,生活电商 App 往往会采用水果图案来代表不同冰激凌的口味,利用人们对味觉的记忆来促销。响应性代表了交流的效率和顺畅,一个良好的界面不应该让人感觉反应迟缓。通过迅速而清晰的操作反馈可以实现这种高效率。例如,通过结合 App 分栏的左右和上下的滑动,不仅可以用来切换相关的页面,而且使得交互响应方式更加灵活,能够快速实现导航、浏览与下单的流程。

3. 一致性和美感

在整个应用程序中保持界面一致是非常重要的。一旦用户学会了界面中某个部分的操作,他很快就能知道如何在其他地方或其他特性上进行操作。同样,美观的界面无疑会让用户使用起来更开心。例如,俄罗斯电商平台 EDA 就是一个界面简约但色彩丰富的应用程序。各项列表和栏目安排得让人赏心悦目。该应用程序采用扁平化、个性化的界面风格,使服务分类、目录、订单、购物车等页面风格都保持一致,简约清晰、色彩鲜明。

4. 高效性和容错性

设计师应当通过导航和布局设计来帮助用户提高工作效率。例如,全球最大的图片社交分享网站 Pinterest 就采用瀑布流的形式,通过清爽的卡片式设计和无边界快速滑动浏览实现了高效率。同时该网站还通过智能联想,将搜索关键词、同类图片和朋友圈分享链接融合在一起,使得任何一项探索都充满了乐趣。因为每个人都会犯错,如何处理用户的错误是对软件的一个最好测试。它是否容易撤销操作?是否容易恢复删除的文件?一个好的用户界面不仅需要清晰,而且也要提供用户误操作的补救办法,如购物提交清单后,弹出的提醒页面就非常重要。

5. 遵循"少就是多"的原则

界面设计的核心应该遵循"少就是多"的原则。你在界面中增加的元素越多,用户就需要用更多的时间来熟悉。因此,如何设计出简洁、优雅、美观、实用的界面,是摆在设计师面前的难题。扁平化设计可以理解为:"精简交互步骤,用户用最少的步骤就完成任务。"层级太多,用户就会看不懂,即使看得懂,多层级导航用起来也麻烦,因此手机上能不跳转就不跳转。从心理学的角度来说,我们可以把用户对 UI 的体验分类为感官体验、浏览体验、交互体验、阅读体验、情感体验和信息体验。依据近 10 年来国内外研究者对网站用户体验的调研,我们可以总结出界面设计的注意事项,如表 2-4 所示。

表 2-4　界面设计注意事项

体验	要素	移动媒体交互设计与 App 设计标准
感官体验	设计风格	符合用户体验原则和大众审美习惯,并具有一定的引导性
	LOGO	确保标识和品牌的清晰展示,但不占据过分空间
	页面速度	确保页面打开速度,避免使用耗流量,占内存的动画或大图片
	页面布局	重点突出,主次分明,图文并茂,将客户最感兴趣的内容放在重要的位置
	页面色彩	与品牌整体形象相统一,主色调 + 辅助色和谐
	动画效果	简洁、自然、与页面相协调,打开速度快,不干扰页面浏览
	页面导航	导航条清晰明了、突出,层级分明
	页面大小	适合苹果和安卓系统设计规范的智能手机尺寸(跨平台)
	图片展示	比例协调、不变形,图片清晰。排列疏密适中,剪裁得当
	广告位置	广告位置避免干扰视线,广告图片符合整体风格,避免喧宾夺主
浏览体验	栏目命名	栏目内容准确相关,简洁清晰
	栏目层级	导航清晰,收放自如,快速切换,以 3 级菜单为宜
	内容分类	同一栏目下,不同分类区隔清晰,不要互相包含或混淆
	更新频率	确保稳定的更新频率,以吸引浏览者经常浏览
	信息版式	标题醒目,有装饰感,图文混排,便于滑动浏览
	新文标记	为新文章提供不同标识(如 new,吸引浏览者查看)
交互体验	注册申请	注册申请和登录流程简洁规范
	按钮设置	对于交互性的按钮必须清晰突出,确保用户清楚地点击
	点击提示	点击过的信息显示为不同的颜色以区分于未阅读内容
	错误提示	若表单填写错误,应指明填写错误并保存原有填写内容,减少重复
	页面刷新	尽量采用无刷新(如 Ajax 或 Flex)技术,以减少页面的刷新率
	新开窗口	尽量减少新开的窗口,设置弹出窗口的关闭功能

续表

体验	要素	移动媒体交互设计与 App 设计标准
	资料安全	确保资料的安全保密,对于客户密码和资料加密保存
	显示路径	无论用户浏览到哪一层级,都可以看到该页面路径
阅读体验	标题导读	滑动式导读标题 + 板块式频道(栏目)设计,简洁清晰,色彩明快
	精彩推荐	在频道首页或文章左右侧,提供精彩内容推荐
	内容推荐	在用户浏览文章的左右侧或下部,提供相关内容推荐
	收藏设置	为用户提供收藏夹,对于喜爱的产品或信息,进行收藏
	信息搜索	在页面醒目位置,提供信息搜索框,便于查找所需内容
	文字排列	标题与正文明显区隔,段落清晰
	文字字体	采用易于阅读的字体,避免文字过小或过密
	页面底色	不能干扰主体页面的阅读
	页面长度	设置页面长度,避免页面过长,对于长篇文章进行分页浏览
	快速通道	为有明确目的的用户提供快速入口
	友好提示	对于每一个操作进行友好提示,以增加浏览者的亲和度
情感体验	会员交流	提供便利的会员交流功能(如论坛)或组织活动,增进会员感情
	鼓励参与	提供用户评论、投票等功能,让会员更多地参与进来
	专家答疑	为用户提出的疑问进行专业解答
	导航地图	为用户提供清晰的 GPS 指引或 O2O 服务
	搜索引擎	查找相关内容可以显示在搜索引擎前列
信任体验	联系方式	准确有效的地址、电话等联系方式,便于查找
	服务热线	将公司的服务热线列在醒目的地方,便于客户查找
	投诉途径	为客户提供投诉或建议邮箱或在线反馈
	帮助中心	对于流程较复杂的服务,帮助中心进行服务介绍

(二)设计风格

1. 早期拟物化界面视觉风格

界面设计风格的变化往往与科技的发展密切相关。如 2000 年前后,随着计算机硬件的发展,处理图形图像的速度加快,网页界面的丰富性和可视化成为设计师的追求。同时，JavaScript、Java Applet、JSP、DHTML、XML、CSS、Photoshop 和 Flash 等 RIA 富媒体技术或工具也成为改善客户体验的利器。到 2005 年，一批更仿真、更拟物化网页开始出现，并成为界面设计的新潮。网页设计师喜欢使用 PS 切图制作个性的 UI 效果，例如，Winamp、超级解霸的外观皮肤，百变主题的 Windows XP 都是该时期的经典。设计师通过 PS、JavaScript 和 Flash 等技术让 Web UI 更像是一件实物，为用户带来一种更为生动的感觉，希望能借此消除科技产品与生活的距离感。此时各种仿真的 UI 和图标设计生动细致，栩栩如生，成为 21 世纪前十年大家所青睐的界面视觉风格。

虽然拟物化界面视觉风格广受欢迎，但使用拟物化设计也带来不少问题：由于一直使用与电子形式无关的设计标准，拟物化设计限制了创造力和功能性。特别是语义和视觉的模糊性，拟物化图标在表达如"系统""安全""交友""浏览器"或"商店"等概念时，无法找到普遍认可的现实对应物。拟物化元素以无功能的装饰占用了宝贵的屏幕空间和载入时间，不能适应信息化社会的快节奏。信息越简洁，对于现代人就越具有亲和力，因为他们需要做的筛选的工作量大大减少了。同时，对于设计者来说，采用简洁的风格也能节省大量的设计和制作时间，因此简洁的风格更受到设计师的青睐。以 Windows 8 和 iOS 7 为代表，人们已经开始逐渐远离曾经流行的仿实物纹理的设计风格。Android 5 的推出，进一步引入了材质设计（Material Design，MD）的思想，使得 UI 风格向简约化、多色彩、扁平图标、微投影、控制动画的方向发展。对物理世界的隐喻，特别是光、影、运动、字体、留白和质感，是材质设计的核心，这些规则使得手机界面更加和谐和整洁。

2. 扁平化与瑞士风格的界面设计

在这个科技快速发展的时代，设计风格无疑会成为大众所关注的焦点。同样，艺术风格的流行还与媒介密切相关。近年来，以 Windows 8 和 iOS 7 为代表，扁平化设计已成为今日 UI 设计的主流。扁平化设计（Flat Design）最核心的地方就是放弃一切装饰效果，诸如阴影透视、纹理、渐变等能做出三维效果的元素一概不用。所有元素的边界都干净利落，没有任何羽化、渐变或者阴影。同样是镜头的设计，在扁平化中去除了渐变、阴影、质感等各种修饰手法，仅用简单的形体和明亮的色块来表达，显得干净利落。尤其在手机界面上，更少的按钮和选项使得界面干净整齐,使用起来格外简洁。这样可以更加简单、直接地将信息和事物的工作方式展示出来,减少认知障碍[①]。

从历史上看,扁平化设计与20世纪四五十年代流行于德国和瑞士的平面设计风格非常相似。瑞士平面设计(Swiss Design)色彩鲜艳、文字清晰,传达功能准确。第二次世界大战后,瑞士平面设计曾经风靡世界,成为当时影响最大的设计风格。

同时,扁平化设计还与荷兰风格派绘画、欧美抽象艺术和极简主义艺术等有关,包括以宜家家居为代表的北欧极简风格或基于日本佛教与禅宗的"性冷淡风"。例如,很多人会联想到日本的无印良品MUJI百货店,店铺中各种原色、直线条、极简或棉麻的产品,虽然不是简约单调的极致,但覆盖面广且水准稳定。日式美学最贴合的场景可能就是京都常见的小而美的日式庭院,寂寥悠远。在这股风潮的带动下,无论是时尚、家装、产品设计、流行杂志还是餐馆、酒店或者百货店,简约主义风格都有无数的粉丝。苹果计算机、Kinfolk杂志以及在城市中流行的素食、轻食等也都是佛系美学的推崇与实践的代表。

二、受众

在对一幅信息图进行设计之前,你是否想过,你所设计的信息图究竟是给谁看?接下来,就请带着这一问题一同去看看,这些信息图的受众都有哪些人,并且他们需要从这些信息图中获取哪些信息?

顾客:该类群体一般想要从信息图中获取产品(服务)的特质、售价、优惠、客服流程,甚至是一些富有创意的企业概念等信息。

潜在顾客:该类群体通常想要从信息图中获取企业的相关历史,产品(服务)的特性、售价、优惠及一些与同类产品相比而言的优势信息。

员工:该类群体一般想要通过信息图来了解公司的作业流程、运作模式、组织构架、培训规划、工资福利、任务规划等信息。

管理层:该类群体更多的是想从信息图中了解本公司的生产状况、目标实现情况等信息。

媒体:该类群体常常需要通过信息图来了解某企业的研究成果、创意概念、组织构建等信息。

---

① 李四达.交互设计概论[M].北京:清华大学出版社,2019.

求职者：该类群体通常想要从信息图中来获取与求职企业相关的历史背景、商业模式、组织构架、发展前景、工资福利等信息。

合作伙伴：该类群体主要是想通过信息图来了解合作公司的产品（服务）特质、供应链条、售后服务等信息。

视觉语言要素分析

　　信息可视化设计是注意力、吸引力与记忆力的科学。可视化设计的意义在于通过增强信息或数据的可读性、易读性、可用性、美观性和易用性，消除误解、展示真理，促进人们的相互理解与沟通，并由此实现人类社会的和谐相处。而要想吸引人们的注意力，就离不开视觉语言要素的分析与运用。本章将从信息可视化中的图形符号、字体、色彩、语义等几个方面，深入探索视觉语言要素在信息可视化设计中的特征与影响。本章的最后还会通过相关案例的分析，对可视化设计在现实生活中的应用进行更深入的探索。

第一节　信息可视化中的图形符号

　　图形符号是指以图形为主要特征,通过易于理解、与人直觉相符的形式传达信息的一种载体。它是负载和传递信息的中介,是认识事物的一种手段。图形符号具有直观、简明、易懂、易记的特征,便于信息的传递,使不同年龄、不同文化水平和使用不同语言的人都容易接受和使用,因而它广泛应用在社会生产和生活的各个领域。我们走在大街上,商场里、机场、医院、美术馆等大量人群汇集的公共场合,常常能看到图形符号。

　　符号这一概念的外延相当广泛,设计中的图形符号作为一种非语言文字符号,与语言文字符号有许多的共性,使得图形符号对设计也有实际的指导作用。有时候图形符号就是图标,而有时候则需要区别对待。

　　图形符号作为非语言文字符号,原则是尽可能不使用文字。如采用文字,缩小后就会大大增加阅读难度,设计上也会显得不够精练。多年以来,不同的设计机构、国家甚至区域组织,都在尝试设计各种不同的公共图形符号。

一、信息图形的分类

　　图形符号按其应用领域可分为三类:标志用图形符号、设备用图形符号和技术文件用图形符号。

　　①标志用图形符号是指用于图形标志上,表示公共、安全、交通、包装储运等信息的图形符号,主要是通过由符号、颜色、几何形状(或边框)等元素组合而成的视觉形象来表达一定的事物或概念。

　　②设备用图形符号是指用于各种设备上,作为操作指示或用来显示设备的功能或工作状态的图形符号,主要通过图形形式作为操作指示或显示设备的功能或工作状态。

　　③技术文件用图形符号是指用于技术产品文件上,以表示对象和

（或）功能，或表明生产、检验和安装的特定指示的图形符号，技术文件用图形符号主要通过图形形式表示对象和（或）功能，或表明生产、检验和安装的特定指示。

基于信息图要让全世界都能理解的终极目标，在信息可视化设计中，图形元素因为具有无障碍视觉传达的先天优势与多元化的表现形态成为当仁不让的设计元素主角。

（一）信息图形元素的分类

信息图形区别于普通图形的地方在于信息图的设计必须以识别与理解为首要目标，因此，高度的通识性与无障碍性成为信息图设计最重要的标准。所以，在开始设计之前，有必要首先厘清信息图形的类型。信息图形主要包括主体图形、图标、图表、符号等类型，它们在信息可视化设计中担任不同的角色，承担不同的功能与作用。

（二）信息图形元素的设计

1. 主体图形

主体图形一般通过信息转换，利用图形创意的手法设计而成，再结合版面需求进行编排表现。在主体图形的设计中，首先，需要根据前期的设计定位确定图形的风格与形式；其次，需要根据需求明确图形的展示视角，图形的展示视角通常有俯视视角（产生平面图）、平视视角（对应立面图或剖面图），这些属于二维平面图；最后是透视视角，呈现的通常为不同角度的三维立体图、轴测图等。

2. 图标

除了主体图形，信息图中还存在各类使用数量较大的信息功能图标。图标由于其使用的面积较小，设计要求形态简练单纯，具有明确的代表性或象征性含义。

二、信息图形设计系统

（一）信息图形设计模块系统

迄今为止，图形符号的模块化方式主要以制图模块化为主，虽然有一部分图形符号的设计中有运用传达语义的模块化方式,但是相关研究并不系统。模块的概念一般是指以一定的比例为基础,使用基本单位按照组合的方法来构成整体的方法。模块一般被认为是在批量生产过程中为了产品标准化而制定的最佳数值,使用根据一定比例而制作的基本单位(Unit),以系统的、合理的组合方式增加系统的运转效率。所以,基本单位(模块)的应用系统,即模块化系统被设计出来。使用已确定的最小单位来制造出整体形态的模块化系统作为一种高效的表现手段,现在在设计领域已得到了广泛的应用。

模块化设计(Modular Design)是通过基本单位(Unit)的组合、分解、替换等方式进行设计。模块化的设计方式灵活性很高,又由于它具有统一性、秩序性、表现方式多样性的特点,易形成一种整体性强的视觉体系。基本操作方式为分割(Splitting)、代替(Substitution)、扩展(Augmenting)、排除(Exclusion)、归纳(Inverting)、移植(Porting)等。这些操作形式不但在计算机领域广泛使用,在设计领域中也可应用于造型和实用价值较高的产品,如建筑、器械、家具等。在平面设计领域中,图形符号、字体设计、版式设计等方面上也有一定的应用。特别是图形符号设计方面,通过模块化的操作形式,在视觉语言的语义构成和符号的空间构成上具有很强的应用价值。

模块化图形符号是通过相互联系、相互作用的若干个图形元素结合而成的、具有特定功能的一个有机整体(集合)。图形元素作为整体中的一个单位要素,需与整个图形符号组合起来进行说明解释。只有这样,一种独立的图形语言才能说是可视的,并在系统中显示出来。图形的底层结构是点、线、面基本形态要素及其组合,底层造型要素构成上层结构语义赖以寄托的介质,上层结构是构建图形信息的核心,是形义结合的符号和符号序列,图形通过语义符号的有机组合完成意义的表达。本章主要是根据日本设计师太田幸夫的造形系统(System Creating Forms)、造意系统(System Creating Meanings)、造句系统(System for Creating Sentences)设计体系,将图形符号设计分为以形为主的模块化(Basic Forms of Modular)、以意义为主的模块化(Basic Meaning of Modular)、以句式为主的模块化(Basic Sentence of Modular),并通过反演分析法(Reverse Analysis)分析图形符号的模块化特点,最后总结设计规律。以形为主的模块化并不是单纯的以点、线、面的方式拼接、组合设计的象形图,而是指通过横向和纵向的基本单位符号组成的视觉传达系统,通过基本单位符号之间的相关性变化来表现所要传递的信息内容。这种单位符号的视觉传达系统主要以矩阵方式出现,也就是把图形符号放在矩阵中,并且位置固定,不能轻易移动,这样的方式一目了然,可以轻松识别信息内容。而以意义为主的模块化设计是将各核心符号进行组合以传递新含义的系统。该系统表现形式灵活多样,可以有多种组合结构,这类系统多应用在具有引导性和指示性的图标上。另外,该系统在传达的内容上,多以视觉图形来表现,通过这些视觉图形或符号的组合传递信息。所以通过将指示性或说明性符号进行组合的方式,可以很好地体现出以意义为主的模块化设计的特征,并传递出准确的信息。以句式为主的模块化是从语言学的角度出发,根据词语排列顺序将内含语义的图形要素进行连接、排列以组成语句的系统。该系统作为一种视觉语言系统能突出主要信息,提高信息传达效果。利用符号要素(Symbol Element)的大小、风格、位置、视觉层级、颜色等视觉表现方法,可以有效地传达信息,提高使用者的理解度。该系统作为一种视觉语言系统,可以将要传达的信息以类似"谈话"的方式被快速理解。

当某种产品的设计在造型的基本形态上是由几种基本单位组成,并运用的排列、积累、连接等方式来摆放、累积这些单位时,我们称这些单位为单元(Unit)。在将这些单元组合成整体的目的下,在造型性构成上采用一定的形式时,所采用的共同形式的基本形态单位和其集合我们称之为模块(Module)。

模块化系统与系统之间虽然可以相互结合,但一般被定义为形成独立或集合实体的互相联系的要素的集合。模块化系统的另一个特点是通过设立一定的原则、规则以及程序来保证创意和相关形式达到和谐有序的交互作用。模块化系统是一个将要素进行组织或连接的组合,并且为了达到整体的统一性,一般使用连接、结合或者组合的手法。另外,也可以按照一定意图或计划,通过组成部分的有序安排来形成的一个整体构造的方式,简单来说可以定义为,为了共同的计划或目的,将多种多样的要素整合为一个复合整体的方法。

最近模块化系统由于其在设计上的多样性、可变性以及创意性受到越来越多的设计师和使用者的喜爱,其在建筑、制造和时尚领域的相关研究和应用开发也很活跃。同时模块化系统的概念也可以应用在视觉设计领域。系统化且具有统一性的模块化系统虽然在视觉表现上比较简单,但是其多样化的表现可能性使其更容易被人们理解和认知。

作为造型要素模块的基本形态具有以下四个优点。

第一,设计自由度高。模块化的设计在空间上可以允许使用者自由组合来进行表现,以达到想要的形态或风格。

第二,合乎目的性。模块应用的目的是可以满足设计多样化表现方式,通过对模块的变形来实现多种用途和功能。另外,可以通过选择性的使用和组合需要的部分,实现高效设计。

第三,娱乐性表现功能。出乎意料的结合方式或使用方法可以引起使用者的视觉好奇心,在接触中带给使用者愉快的体验,由于其多样化的视觉表现可能性使得行为本身被当作没有负担的游戏或是冒险,成为娱乐性的表现手段之一。

第四,具有扩展的可能性。模块化设计是通过分解和组合来实现表现的多样化的构造方式,模块的可变性带来了使用方法的扩展,并延伸至移动的扩展,甚至给人们带来审美的扩展。

模块化象形图指通过图形要素的和谐交互作用,成为具有连贯性的图形符号的视觉个体。模块化象形图可以划分为制图式模块化(Drawing)和核心元素(Symbol Element)模块化。

(二)象形图的模块化规则

相对于象形图的各个要素之间是相互独立的情况,更多情况下它们之间相互关联,共同组成模块象形图或系统。在这种情况下,我们就需要考虑设计的造型性原理,即节奏(Rhythm)、比例(Proportion),对比(Emphasis)、均衡(Balance)、协调(Unity/Harmony)等。

1. 节奏

视觉上的节奏指的是相同或相似的要素的明显重复。带来视觉上的统一性的"重复"几乎可以说出现在所有美术作品之中。

2. 比例

比例指的是相对大小,即与其他要素或某种精神规范或标准比较后的大小。

3. 对比

对比是指为了引起使用者注意和达到视觉满足的目的,而将作品设计成能刺激使用者视觉感官的形态。

4. 均衡

表示视觉重量的均衡分配的平衡是所有视觉构成设计的目标。一般分为水平均衡、非对称均衡、放射性均衡、晶体学均衡。

5. 协调

协调是指设计中的要素具有统一性，即要素之间相互依存，这种共存关系不是偶然发生的，而是存在一定的视觉关联性。

（三）制图式模块系统设计

制图式模块化在形式上具有统一性，这种形式上的统一性是建立在使用相同或相似元素的基础上的。无论是产品内部构成的统一性（内在统一性）还是产品系列间的统一性（外在统一性），都可以被系统的构成要素从几何学的角度表现出来，这点我们也可以从决定信息图形在形式上的统一性的特性中推测出来。例如，在同一个系统中通过将大小、复杂度、形态和颜色等基本要素转移到其他信息图形就可以创造出视觉上的统一。

制图式模块化以机场设施图标和奥运会图标为对象，对信息图形设计中使用的模块化设计方法进行了验证。制图式模块化设计方法可以分为模块化标准网格法（the Modular Standardized Grid Method）、模块化线性技法（the Modular Standardized Grid Method）、几何技法（the Geometric Method）、自由技法四种（the Free Method）。其中能较为轻松地达到图形内部系统在形式上的统一性的方法是模块化标准网格法。相反，几何技法在达成形式上的统一性上最为困难。

使用模块化标准网格法的代表性事例是 1972 年的第 20 届慕尼黑奥运会竞技图标。德国的平面设计师奥托·艾舍（Otl Aicher）使奥运会图标更加系统化，并提高了奥运会图标的完成度。他选取各运动项目的最具代表性的动作，将它们转变为几何形态，并仅使用竖直、水平和 45°角，使设计变得极具辨识度。

使用模块化线性技法的代表性事例为 2008 年的北京奥运会图标。北京奥运会图标使用了既轻柔又具有律动感的线条进行设计，很容易让人联想到中国的甲骨文。通过这种图标绘制方式既可以展现中国文字造型的独特之美,也可以向世界人民展现中华文化的博大精深。

使用几何技法的代表性事例为 1984 年的第 23 届洛杉矶奥运会图标。洛杉矶奥运会中使用的图标运用圆柱形将躯干、头、手臂、腿分别表现,并使用竖直、水平、45° 网格进行设计。

使用自由技法进行设计的代表性事例为 1992 年的第 25 届奥运会——巴塞罗那奥运会的图标。巴塞罗那奥运会图标将运动的动作形态以极具创意感的方式自由奔放地表现了出来。图 3-1 是奥运会图标中使用绘图模块化方法的事例。

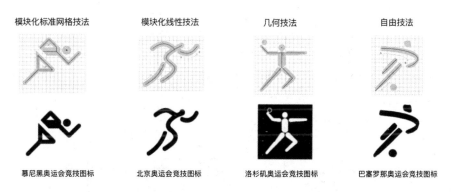

图 3-1　奥运会图标中使用绘图模块化方法的事例

（四）核心元素模块化

1. 以形为主的模块化系统

（1）事例 1：公共场所中的导向设计。表 3-1 中的例图 1 是太田幸夫使用以形为主的模块化设计的公共场所导向图,这个导向设计是将多个功能性图标集中排列到一个矩阵中,每个图标都有固定位置不能随便移动。在模块化象形图中各区域所具有的设施可以通过图标的有无进行判断,有图标的话就是该地区存在相关设施,如果是空格就代表无相关设施。该导向图通过矩阵中图标的固定位置排列,可以让大众更快地了解具体设施内容,方便寻找想要去的地方,并且各地区之间的设施差异也可以通过相互比较快速进行判断,从而达到信息传递的作用。导向图标具体分析内容如表 3-1 所示。

表 3-1　导向图标在视觉要素和造型原理的分析

例图 1						
视觉要素	形态	色彩	位置	排版	大小	文字
	线面结合	黑色	位置固定	矩阵构造	大小相同	无
造型原理	节奏	比例	对比	均衡		协调
			·	·		
视觉流线	原图	视线流线图				

通过表 3-1 中导向图标在视觉要素和造型原理的观察分析发现以下几点。

第一,在视觉要素层面,整个象形图版面是由细线组成的网格矩阵,矩阵形式一般为 3×3 或 4×4 的形式出现,并在其中放置设施图标,这些图标以面的方式进行绘制,各图标的信息重要度按照层级进行排列,排列位置固定不变且大小相同。色彩主要采用较为醒目的黑色、运用线面组合使对比强烈、主次分明,并且没有文字图标做提示。

第二,在造型原理层面分析,主要采用对比和均衡两种方式,为了让人们更容易了解各个区域有什么公共设施,利用网格矩阵里的图标进行"有与无"的对比,来强调图标的存在代表着公共设施的存在,如果没有该设施那么象形图上面也不会显示该设施代表图标。该象形图中的图标大小统一、排列均等,采用了结晶学均衡(Crystallographic Balance)原理进行设计,采用这种均衡原理设计的图形符号可视性更加统一,传递信息的方式便于人们理解。

第三,视觉流线主要是从左到右、自上而下进行阅读的,符合现代人们的阅读习惯,便于人们查找所需的信息内容。

（2）事例2：数码相机的显示屏设计。美能达 Mac-7 的一部分显示屏图标也采用了图形符号中以形为主的模块化进行设计,数码相机的显示屏界面里主要有照片、录像、延时、闪光、张数等功能单位图标。根据使用的频率程度来排列图标的大小、比例、视觉层次。显示屏界面使用时根据使用功能显示图标,不使用的功能图标不会显示,通过这种方式需要的功能可以更快、更有效地传递出来,便于人们接收信息。图形符号具体分析如表 3-2 所示。

表 3-2　数码相机的显示屏界面在视觉要素和造型原理中的分析

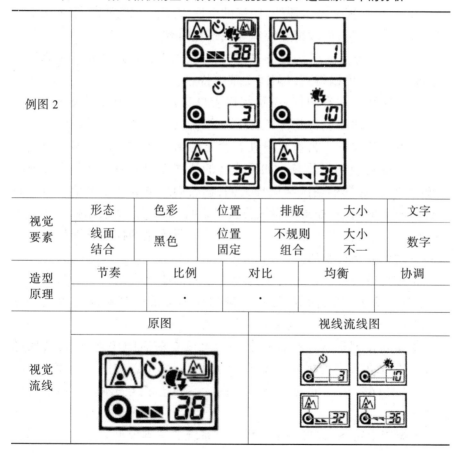

视觉要素	形态	色彩	位置	排版	大小	文字
	线面结合	黑色	位置固定	不规则组合	大小不一	数字

造型原理	节奏	比例	对比	均衡	协调
		·	·		

视觉流线	原图	视线流线图

通过表 3-2 中数码相机的显示屏界面在视觉要素和造型原理的观察分析发现以下几点。

第一,在视觉要素层面,图标的设计多采用线面结合的方式,通过不规则组合的排版方式构成。图标因通过电子屏显示因此色彩基调主要以黑色图标、灰色背景为主,并且具有固定位置,不可随意变动。图标的大小是根据其功能的常用度及重要性来决定的,比如表示照片的图标、提醒张数的图标较大,闪光和延时的图标较小,通过大小差异来体现图标的功能性质。

第二,在造型原理层面,数码显示屏主要采用了比例和对比的原理进行设计,即通过图标在界面中所占比例大小进行位置的安排并表明其常用度和重要程度。因此,依据图标所占比例大小通过对比的原理可以清楚地了解所要强调的功能有哪些。

第三,根据视觉基本流线,图标的读取方式为由左向右、由上向下的方向阅读。便于人们理解并快速寻找信息内容。

(3)以形为主的模块化的基本特点。通过以形为主的模块化设计事例分析之后,可以得到以下四个基本特点。

①个体性。所有图标、图示都代表自身独有的含义,所表达的内容既具备了基本功能也将其含义表达了出来。

②不可替代性。带有自身独有含义的图标或是图示都不可以用其他的任何图标或图示代替。如果代替的话那么原来所传达的含义或信息就会改变,这样的情况会误导人们,让人们理解为错误的信息,比如,在公园导向地图中,如果将表示公共卫生间的图标改为表示便利店的图标,那就会给人们带来错误信息。因此,以形为主的模块化图标是不可以随意改变或是替换的。

③含义单一性。以形为主的模块化图标所代表的含义有且只有一个,不管是和其他图标进行组合、排列都不会形成具有新的含义的图标。因此,该类型图标的含义具有单一性。

④并列排列形式。图标传达的信息没有前后顺序之分,但会跟随内容的重要度来进行排列。而且所有的图标都可以在同一画面里同时出现,并且同时出现的时候所传达的含义不会相互影响,也不会随之改变。

根据以上特点,以形为主的模块化系统的基本模型如表3-3所示。

表 3-3　以形为主的模块化系统的基本模型

特点	说明	基本模型
个体性	模块 A，B，C，D，E，F，G，H，I 都有着自己的含义	
不可代替性	随着含义的重要度的不同各个模块的大小也会不同呈现的状态是 A>E>F>I>G>H>D>B>C>J。但是由于各个单位代表的含义都不一样，有些模块同等重要、大小一致，但相互间不可以代替。所以 B≠C≠J，G≠H，F≠I	
含义单一性	模块 B，D，F，H 同时表现的话也只代表着自己的含义，通过组合方式也无法形成新的含义	
并列排列形式	模块 A，B，C，D，E，F，G，H，I 的表现方式不管如何变化，相互间所传达的含义都不会受到影响	

2. 以意义为主的模块化系统

意义模块化系统是将各符号要素进行组合以传递新含义的系统。该系统表现形式灵活多样，可以有多种结构，在引导性和指示性图标上多有应用。另外，该系统在传达的内容上，视觉图形可以占据较大比例，通过这些图形或视觉符号可以达到传递信息的目的。所以，通过将说明性符号进行组合的方式，可以很好体现出意义模块化系统的特征，达到传递信息的目的。

（1）事例 1：美国药典委员会开发的服药指导图标。美国药典委员会开发的服药指导图标的指示内容大部分由两个或多个图标排列组合而成的具有新的含义图标构成。具体分析见表 3-4。

表3-4　美国服药指导图标分析

例图1						
视觉要素	形态	色彩	位置	排版	大小	文字
	线面结合	黑色	位置固定	上下排列左右排列	大小不一	无
造型原理	节奏	比例	对比	均衡	协调	
		·	·		·	
视觉流线	原图			视线流线图		

美国药典委员会开发的服药指导图标在视觉要素上，主要是由线和面构成的图标组成的组合型构造。图形符号包裹在圆形、三角形、四边形等边框内，并且边框的形态可以根据要表达的语义进行变化，颜色上，所有图标均为黑白两色，各图形符号的位置并不固定，根据语义的变化图形符号可以变动位置或替换。排版时采用上下排列或左右排列的方式均可。各图形符号的大小并不统一，可根据功能的重要性进行调节，以表达"服药后就寝"语义的图标为例，该图标由"服用的药"和"睡觉"的图形符号组成，"服用的药"为条件，"睡觉"为强调的对象。

在设计原理上，该套服药指导图标使用了比例、对比、协调这三种原理。具有重要功能的图形符号相对于表示先决条件的图形符号在大小上要更突出，所以根据代表各功能的图形符号的大小比例即可判别出重点强调的内容，另外，图形符号可以重复使用，重复使用的要素在颜色、形态、大小上具有统一性，该手法既能表现出统一性，又能体现协调原理，视觉流线为从左向右、从上向下。

（2）事例2：火灾相关指示型图标。表3-5为制作与火灾相关的指示图标语义的模块化系统。将火焰与其他功能的图标进行组合后，语义也会发生相应的改变。例如，火焰和消防水管组合在一起后可以代表消防栓,火焰和灭火器械组合在一起可以代表灭火器。另外,将火焰和按下按键的动作组合在一起可以代表报警器。这种模块化的表现方式不仅可以让使用者更好地记住火灾的图形符号,利用火焰和其他功能图标的结合还可以通过联想的方式让使用者更好地理解图标所传达的信息。

表3-5　火灾相关指示图标分析

例图2						
视觉要素	形态	色彩	位置	排版	大小	文字
	面的表现形式	红色背景	位置固定	左右排列	大小不一	无
造型原理	节奏	比例	对比	均衡	协调	
		·	·		·	
视觉流线	原图			视线流线图		

　　从视觉要素层面分析火灾相关指示图标里使用的图形符号,在形态上由使用面制作的与"火焰、消防水管、灭火器械、按键、手"等相关的图形符号互相组合构成。颜色上,将白色的图形符号放在红色的底板上进行表现。各个图标的位置并不固定,可以根据语义的变化进行调整。排版为左右排列。另外,没有使用文字。各个图形的大小并不统一,根据所强调的内容可调整大小。以消防栓图标为例,该图标由火焰和消防水管的图形符号组成,火焰为环境,消防水管为强调的内容。

　　在造型原理上,火灾相关指示图标使用了比例、对比、协调的原理。具有重要功能的图形符号较大,代表先决条件的图形符号则较小。所以,根据代表各功能的图形符号的大小即可知道重点强调的内容。另外,火焰固定出现在右侧,具有一定程度的统一性。视觉流线为从左向右。

（3）以意义为主的模块化的基本特点。关于以意义为主的模块化系统的视觉要素，在位置上，各符号要素位置相对固定，根据处于可变位置的符号的变化，组合后表示的内容也不相同。另外，虽然各图标强调内容的图形大小不同，但比例一致。同时，未使用文字内容。在造型原理上，以意义为主的模块化系统使用了比例、对比、协调三种原理。通过对意义模块化系统的事例分析，可以得到其以下三个特点。

①可替代性。根据实际情况的不同可替换图标达到传达不同信息的目的。替换图形符号后，重点传达的内容也会有所改变。

②再组合性。使用两个以上的象形图可以形成多种组合。根据象形图组合的变化，所传达的信息内容也会随之改变。

③并列排列形式。传达的信息内容的前后顺序并不固定，可根据信息的重要度调整排列进行变化。所有组合后的象形图或图标可以同时出现在一个界面或画面上。各象形图或图标所传达的信息之间不会互相干扰。根据图形要素或信息的重要度来排列视觉层级。

拥有以上特点的意义模块化系统的基本形态如表 3-6 所示。

表 3-6　意义模块化系统的基本形态

特点	说明	基本模型
可代替性	基本模块 A 和 B 相结合的话变形成新的含义（AB）基本模块 A 和 C 相结合的话变形成新的含义（AC）	AB=A+B，AC=A+C
再组合性	基本模块 A 和 B、C 相结合的话变形成新的含义（ABC）	ABC=A+B+C
并列排列形式	A、B、C 随着重要度的不同，模块的大小也会产生不同的变化。但是通过组合所传达出的含义（ABC）也不会有变化	ABC=A+B+C

3. 以句式为主的模块化系统

以句式为主的模块化系统是根据语言句法将内含语义的图形要素进行连接、排列以组成语句的系统。该系统作为一种视觉语言系统能突出主要信息，提高信息传达效果。利用图形要素的大小、风格、位置、视觉层级、颜色等视觉表现方法，可以有效地传达信息，提高使用者的理解度。

该系统作为一种视觉语言系统，可以将要传达的信息以类似"谈话"的方式被快速理解。

（1）事例1：西曼特图案（Semantography）。西曼特图案是由在第二次世界大战期间受到纳粹迫害而逃亡到中国的布利斯受到汉字的表意性原理启发后，以国际通用通信为目的创造并命名为布利斯符号的一种图形文字。该系统倡导"同一个世界、同一个句法"，相较国际图形文字教育系统（International System of Typographic Picture Education，ISOTYPE），由更加抽象的100多种图形文字组合而制造单词。该系统在1971年由加利福尼亚州残疾儿童中心（现为Blooview MacMillan Center）Shirley Mc-Naughton带领的学科联动小组首次应用于残疾儿童的交流。西曼特图案虽然可以像"语言"一样使用，但是没有发音系统，仅是单纯的表意文字。表3-7为西曼特图案分析。

表3-7　西曼特图案分析

例图1						
视觉要素	形态	色彩	位置	排版	大小	文字
	线的表现方式	黑色	位置不固定	左右排列	大小统一	数字
造型原理	节奏	比例	对比	均衡		协调
	·					·
视觉流线	原图			视线流线图		

从视觉要素的层面上分析,西曼特图案中使用的图形符号在形态上用线来表现,各图形符号的从左向右排列。颜色上主要使用黑色。各个图标的位置并不固定,根据语义的要求可以做出相应变化。排版上为左右排列。符号的大小统一,按照语言的句法顺序有规律的排列。语言上,在有人称代名词的情况下主语的右下角会使用数字。

从设计原理的层面上分析,使用了"节奏、协调"两种原理。因为在信息以视觉语言的形式构成时,需要有语言的节奏感,这种节奏感能制造出阅读带来的愉悦感。另外,作为在线的强弱、大小,比例上具有统一性的符号,还有着较为柔和的形态上的一致性。视觉流线为从左向右阅读。

(2)事例2:LoCoS(LoCos–Lovers Communication System)。视觉语言 LoCoS 是太田幸夫 1971 年在国际平面设计协会联合会(ICOGRADA)发明的象形图体系,简称恋人通信系统。

相较于以前的象形图在一个画面上只能传达一个独立的信息,该体系将图形与语言句法的构成要素进行对应,在通过图片能构成句子甚至语篇这一点上受到瞩目。

LoCoS 通过将具有一个个单独语义的简单几何学图形组合成句子,按照各自的组合规律来制造"单词",最后根据英语的语序进行排列来制造"句子"。

图形并不用都排列在同一条线上。完整的 LoCoS 句子由 3 行正四边形构成,从左向右阅读。

说 LoCoS 语言或是使用人名或地名时需要学习 LoCoS 的发音规则。该发音规则可使用于识别各个 LoCoS 符号的唯一发音。发音规则非常简单,构成所有 LoCoS 符号的 18 个基本形状为子音,另外包裹各个 LoCoS 符号的正四边形为 3×3 网格,9 个网格的位置分别代表 9 个母音。

虽然该符号系统通过逻辑和象征符号能在视觉上传达情感和思想,但因其学习上的负担,所以并未投入实际使用,也有学者批评其不过是象形文字的变形而已。表 3-8 为 LoCoS 语言分析。

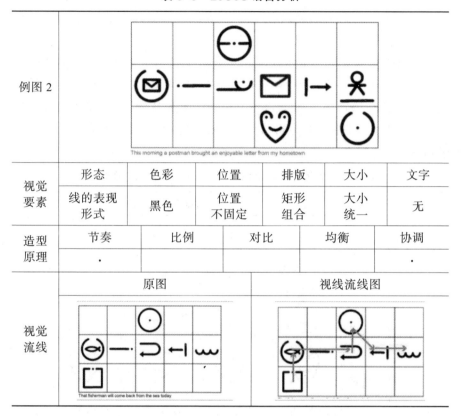

表 3-8　LoCoS 语言分析

例图 2	（见上图）				
视觉要素	形态	色彩	位置	排版	大小	文字
	线的表现形式	黑色	位置不固定	矩形组合	大小统一	无
造型原理	节奏	比例	对比	均衡	协调
	·				·
视觉流线	原图			视线流线图	

从视觉要素上分析 LoCoS 中使用的图形符号,形态上主要以线条表现。图形符号在中间一行从左向右排列,副词和形容词分别位于第一行和第三行。颜色上主要使用黑色。符号的位置不固定,可以根据语义的需要进行更改。排版上,由矩阵构成。各符号的大小一致,按照语言的句法顺序进行排列。不使用文字。

在造型原理上,LoCoS 使用了节奏、协调这两个原理。在将信息以视觉语言的形式构成时需要使用到语言的韵律。图形符号传达的主要内容水平排列。副词和形容词使用可替换要素,可以替换或是移动。视觉形态上具有统一性,能达到吸引使用者的注意的目的。视觉流线为从左向右阅读。

从形态层面上分析以句式为主的模块化系统,其主要使用了线条来构成表意文字,颜色上主要是黑色,位置上相对不固定,根据所要传递的信息可以重新排列组合图形符号。大小上,所有图形符号大小一致。

另外,造型原理上句子模块化系统使用了节奏、协调的造型原理。

(3)以句式为主的模块化的基本特点。根据以句式为主的模块化系统事例分析可以得到以下四个特点。

①可替代性。根据时间、空间和人称的符号元素的变化,传递的信息也会发生改变。即在更换象形图内的符号元素后,象形图所传达的信息内容也会跟着改变。如表3-9中所示,西曼特图案和LoCoS语言根据人称、时间、词性等确定符号元素,根据使用情况选择符号元素来制造句子。

表 3-9　西曼特图案和 LoCoS 符号元素表现方式分析

事例	分类	表现方式				
西曼特图案	人称	$\perp_1$	$\perp_2$	$\perp_3$		
		第一人称	第二人称	第三人称（复数）		
	词性	✗	∧	∨	)	(
		复数型	动作	叙述	过去	未来
LoCos	形容词	😊	😟	😵	😖	
		快乐、开心	愤怒、生气	痛苦、难过	忍耐	
	时态	—	▪—	—▪		
		现在	过去	未来		

②连续性。需要遵守时间和空间顺序,即虽然叙述上具有连续性,但是随着语法顺序和语言位置的变化,可能出现违背语法导致整体排列变成无意义的排列的情况。

③事先学习的必要性。部分语法复杂,各个象形图有着自己特有的语义,需要通过学习才能理解。另外,句子的语序虽然与英语的语序类似,还是需要事先学习副词、形容词等词性,以及时态、语法等才能阅读、书写句子。

④语法形式。信息必须按照语法规则才能传达。如果不遵守语法规则,信息传达就会出现混乱,容易引起使用者的误解。由于句子模块化系统非常依赖语法,在句子中更换任意一个符号的位置都会造成时

态、内容的混乱,影响理解。以表 3-10 为例,位置或顺序正确,并且语法正确时才能被看懂。相反,如果位置或者顺序不对,语法也不对的话是无法被理解的。

表 3-10　以句式为主的模块化系统的语法示例

系统	正确的语法	正确的位置	错误的位置	错误的语法
西曼特图案	I want to go to the cinema	⊥₁ ♡₂ Å ◠◉→	♡₂ ◠◉→ Å ⊥₁	Want to cinema go to I
LoCos	We must go to the church	◔ = ⋏ → 夫	◔ 夫 = → ⋏	We church must go

具有以上特点的以句式为主的模块化系统的基本形态如表 3-11 所示。

表 3-11　以句式为主的模块化系统的基本形态

特点	说明	基本形态
可替代性	根据语义需要,词性相同的元素之间可以互相更换。例如,A1 和 A2 可以互相更换,B1 和 B2 可以互相更换	(A1) (A2) (A3) ……　△B1 △B2 △B3 ……
连续性	可以连续的叙述想要传达的信息	□□□□□□□□
事先学习必要性	句子的语序虽然与英语的语序类似,还是需要事先学习副词、形容词等词性,以及时态、语法等才能阅读、书写句子	○ 副词　□ 主要内容　△ 形容词
语法形式	由于句子模块化系统非常依赖语法,在句子中更换任意一个符号的位置都会造成时态、内容的混乱,影响理解	(A1) (A2)　□□□□□□　△B1 △B2 △B3

以形模块化系统为基础可以生成意义模块化系统。以意义模块化系统为基础又可以生成句式模块化系统。这三种系统的特性有着互补、互助的关系。

至此,在了解模块化图形符号的表现方法的相关理论之后可以将两种类型的四个模块化系统的特点和基本形态总结如表 3-12 所示的具体情况。

表 3-12　图形符号模块化系统的特点和基本形态

模块化系统		特点	基本形态
制图式模块化	点、线、面、几何图形	形式统一性	
核心元素模块化	以形为主的模块化	个体性 不可替代性 含义单一性 并列排列形式	
	以意义为主的模块化	并列排列形式 再组合性 可替代性	
	以句式为主的模块化	可替代性 连续性 事先学习必要性 语法形式	

从以上三种图形符号的设计表现方法的案例中可以分析得出图形符号中以形为主、以意义为主和以句式为主的模块化表现方法的优缺点。以形为主的模块化设计的优点主要表现为可以传递多个信息内容,排列方式有规律可循,位置固定并且所传达的内容可以同时排列。但因为图标之间不能相互组合,信息较多时查找不方便,信息表现方式单一。而以意义为主的模块化设计的优点主要表现为传递的信息容易理解,图标组合方式的改变会带来传达的信息的改变,同时具有丰富的造型表现,容易引起人们的好奇心。但由于表达的内容具有局限性,多个图形的组合只为传递出一个信息,在比例和大小方面没有约束力。而以句式为主的模块化设计优点为运用叙述的方式记

录传递信息，如同故事一般让读者阅读。根据图形符号排列组合方式的不同，根据词性替换不同的图形符号，所传递的信息内容也会丰富多样，更容易诱发读者的好奇心，类似解密一样解读图形符号所代表的含义，解读后不但能了解信息内容，还会有一定的成就感，让读者想更多地了解故事内容。但图形符号如果不易识别就会影响读者信息读取的情况，传递出错误的信息内容，造成一定程度的误解，因此，在运用这套模块化方法进行图形符号设计的时候需要了解图形语言，结合所在国家和地区的语言特点及文化认知等内容进行设计，并且读者在解读这类图形语言的时候先学习该图形符号所代表的词性、词素等内容，才可以更好地了解所要表达的含义。以句式为主的模块化和其他两种模块化方式相比表现空间更多，句式可长可短，信息量也可多可少。

通过三种模块化系统的相互比较可以总结出：以形为主的模块化系统传达信息方法单一，可应用于地图导向标识、电子显示屏、汽车仪表盘、软件工具栏等。以意义为主的模块化系统因具有再组合的特性并且一些图标可以反复出现来表达图形符号的含义，可以使传达的信息更加明确，使受众更加迅速、准确的理解其含义。常应用于带有叙述性特点的对象，即指导性和说明性图标。以句式为主的模块化是在以意义为主的模块化的基础上进行的延伸，虽然需要提前学习才能了解所要传递的内容，但它所传递的内容更加丰富、生动、有趣。这类图形符号的模块化渐渐转化为像颜文字一样的形式出现在我们的网络用语中，丰富了网络交流的想象空间，深受以年轻用户为核心的二次元爱好者群体喜爱。根据这三种模块化方式的特点可以发现图形符号是在形的基础上生成意义，而在意义的基础上生成句式，三者之间相辅相成，并随着模块化系统的升级，图形符号的理解难度也会随之增加，具体图形符号模块化系统的关系如图 3-2 所示。当然，这三种模块化表现形式的视觉动线也具有共同点，主要信息都把图形符号放到右边或上方，次要内容放左边或下方。图标读取方式都为由左向右、由上向下的方向阅读，符合当代人的阅读习惯，便于人们理解并快速、准确寻找相关信息内容。

图 3-2 为图形符号的核心元素模块化系统的关系图。

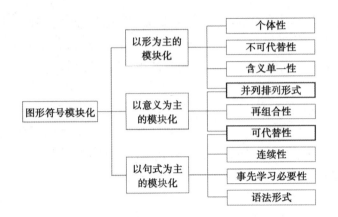

图 3-2   图形符号的核心元素模块化系统的关系

三、信息图形标准化制图

（一）图形符号的定义

ISO 将图形符号定义为"信息传递时不依赖语言的、具有特定含义的视觉符号"。本部分以 ISO 国际标准中的公共信息图形符号（ISO 7001：2007/AMD 4：2017）、安全标识（ISO 7010：2019/AMD4：2021）为对象，具体了解图形符号的国际标准的制定程序、标准化制图方法与评价标准。

目前，图形符号的国际标准由 ISO/TC 145（the International Organization for Standardization Graphical Symbols Technical Committee 国际标准化组织图形符号技术委员）负责。该委员会又分为负责公共信息图形标识（public information symbols）的 SC1（Sub Committee 1）、负责安全标识等（Safety identification, shapes, symbols and colours）的 SC2、负责设备用图形符号的 SC3。

（二）图形符号的国际标准化的历史与现状

1. 国际标准的历史

国际标准化组织 ISO 于 1947 年成立，总部设立于瑞士日内瓦，以促进商品和服务的国际交换，增进知识、科学、技术、经济领域的合作，以开发世界通用标准为目的。现拥有 164 个成员国,其中正式成员 121 个,持有约 24 151 种国际标准。

2. 图形符号 ISO 国际标准的标准化制图

我们主要从两个方面对公共信息图形符号和安全标识的 ISO 国际标准的标准化制图进行分析,一是了解设计流程标准,二是了解元素的使用和制图方法的规范。

首先,ISO 国际标准的设计流程大致见图 3-3。

我们可以看到图形符号的国际标准的设计大致需要经历 3 个阶段,即前期调查阶段、设计阶段和评价阶段,其中在前期调查阶段中值得注意的是对惯例或者说不同文化圈的风俗习惯的分析,以表示医生的 ISO 图标为例,ISO2007 以前的国际标准使用出自《圣经》中的蛇杖表示医生,但是这在非基督教国家,特别是亚洲国家来说,人们是很难将该蛇杖与医生这个职业关联起来的(图 3-4、图 3-5)。

在设计阶段中,现阶段 ISO 公共信息图形符号的设计标准为 ISO 22727: 2007,而 ISO 安全标识的设计标准为 ISO 3864-3: 2012。两个标准规定了以上两种图形符号的国际标准的设计中需要遵守的设计流程和设计规格,设计规格又包括线条、角度、颜色、几何形状的使用、轮廓的形状、与背景的关系、人物表现等的规格。除此以外,使用已有图形来保证信息传递方式的统一性也是非常重要的,这样可以避免多个相似图形共同表达一个含义的不必要情况。

公共信息图形符号的信息传递对象为普通人,而非专家或经过职业训练的专业人员,所以保持设计上的统一性对于保证视觉清晰度(Visual Clarity)/ 提高图形符号的识别度(Recognition)来说是非常必要且重要的。下面我们具体了解一下 ISO 22727: 2007 对于公共信息图形设计标准的规定。

ISO 22727: 2007、ISO 3864-1: 2012、ISO 3864-2、ISO 3864-3: 2012、ISO 3864-4 等对图形符号的设计流程(Creation Procedure),以及设计样式(Template)、线条的粗细(Line Width)、几何图形的使用(Geometric Shapes)、颜色(Colours)、图像内容(Image Content)、图形符号或图形符号元素的结合(Combination of Graphical Symbols or Graphical Symbol Elements)、符号元素的展示标准(Standardized Representations of Symbol Elements)、文字(Characters)、否定(Negation)等进行了规定。具体内容见表 3-13。

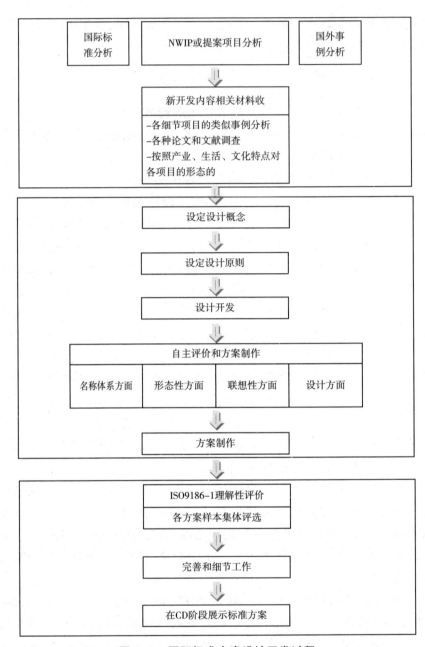

图 3-3　国际标准方案设计开发过程

图 3-4 （ISO 2007 年）

图 3-5 （ISO 2007 以前）

表 3-13　图形符号国际标准的设计规格

公共信息图形标识		
元素		内容
模板布局	无否定斜杠的公共信息符号	形状：正方形 大小：距离角标 70 mm，距离边框边缘 66 mm。 边框：边框宽度为 2 mm（正方形长度的 0.028 6），处于角标内。边框的边缘由黑色虚线表示
	有否定斜杠的公共信息符号	形状：正方形 大小：距离角标 70 mm，距离边框边缘 66 mm。 否定：否定斜杠以 45° 倾斜角从左上穿过正方形的中心至右下。否定斜杠的宽度为 5.6 mm（正方形边长的 0.08）。否定斜杠的长度为 82 mm（正方形边长的 1.171），斜杠的中心点与正方形的中心点重合。 边框：边框宽度为 2 mm（正方形边长的 0.028 6），处于角标内。边框的边缘由黑色虚线表示。 参考线：水平和垂直中心线

续表

公共信息图形标识	
元素	内容
线宽	在第 1 幅图中的正方形模框中,图形符号中使用的线条的宽度不低于 2 mm(在必须要使用更细的线条来更准确地表现对象时,线条的宽度可以降至 0.5 mm)。线条的间距需要考虑到视觉清晰度,最小不小于 1 mm(请参考右图)  【符号参考编号:ISO 7001 PI TF 013】 含义:缆车 功能:指示缆车的位置 图片内容:坐在悬挂与倾斜缆线上的人形侧视图
图片内容	在第 1 幅图片中的正方形模框中,图形符号中使用的元素不能小于 2.5 mm×2 mm。(参考右图)  【符号参考编号:ISO 7001 PI PF 027】 含义:垃圾桶 功能:指示扔垃圾的容器的位置 图片内容:人形的正面图和与之相邻的盛装垃圾的容器的剖面图。四个代表垃圾的物体落入容器
图形符号或图形符号元素的结合	如果两个或两个以上的图形符号或图形符号元素相结合组成一个新的图形符号,新的图形符号被赋予的含义应该与所使用的图形符号或图形符号元素的含义是一致的(参见右图)  【符号参考编号:ISO 7001 PI PE 022】 含义:斜坡或斜坡通道 功能:指示进入建筑的斜坡或坡道的位置。 图片内容:正在往斜坡上方走的行走的人形和坐在轮椅上的人形的侧视图

公共信息图形标识	
元素	内容
安全标识	
ISO 3864—1：2011	形状、颜色、大小、exclusion zone、角度、排版

禁止	指示	注意·警告	安全	消防·急救
红色	蓝色	黄色	绿色	红色
7.5R 4/14	2.5PB 3/10	10YR 7/14	5G 4/9	7.5R 4/14

安全标识中使用的几何形状的大小和角度		背景色：白色 圆环和斜杠：红色 图形符号：黑色
		背景色：蓝色 图形符号：白色 安全色——蓝色至少占据标志区域的50%
		背景色：黄色 三角带：黑色 图形符号：黑色 如果 b=70 mm，则 r=2 mm

续表

公共信息图形标识	
元素	内容
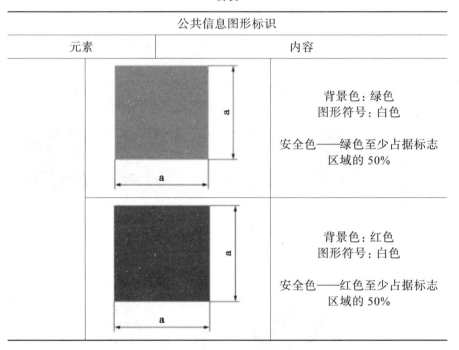	背景色：绿色 图形符号：白色 安全色——绿色至少占据标志区域的 50%
	背景色：红色 图形符号：白色 安全色——红色至少占据标志区域的 50%

在评价阶段中，经过 ISO 9186—1：2014、ISO 9186—2：2014 ISO 9186—3：2014 三种评价方法的评价后，在标准案的设计中，线的粗细、与背景的关系、角度、人物表现等都所有设计要素的表现都需要具有统一性，所以使用制图法和网格来进行精细化设计。

（1）制图法

公共引导图形标识和安全标识的各形态均以基础正方形的边长 A 为标准进行制图。正方形和等边三角形的角分别使用直径为 0.28A 和 0.12A 的圆来制作成弧形。指示标识中使用的圆形的直径为 A 的 1.1 倍。注意标识中使用的等边三角形为边长为 1.3A、轮廓线的宽度为 0.08A、内角为 60° 的等边三角形。内部形态的制图中使用的倾斜角度均为 5° 的倍数。禁止标识中使用的圆形的直径为 1.1A，禁止标识的斜线的角度为 45° ，从左侧上端向右侧下端划下。圆的边缘宽度为 0.12A，斜线的宽度为 0.095A。图 3-6 为制图法示例。

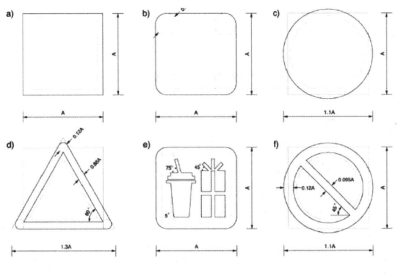

图 3-6　制图法示例

（2）网格的使用

网格以正方形的 1/14 的方格为基本单位,图 3-7 为网格的使用
示例。

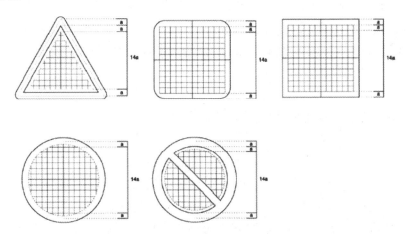

图 3-7　网格的使用示例

第二节　信息可视化中的字体

文字设计是人们为了高效而个性化地传播文字信息而产生的创意想法。文字设计不是只指停留在文字表面的对其造型形态进行设计,更重要的是要以文字的含义为依据对其进行艺术处理,使之表现出深刻、丰富的艺术内涵和视觉特征,赋予其鲜明的性格特点和突出的视觉效果。一个合适的字体,不仅可以实现文字的阅读传达功能,甚至可以使人们在观看过程中留下深刻印象,从而达到视觉信息传达与审美意味、识别印象、情感等多方面的完美结合。虽然在前面信息可视化的设计准则中提到要"去除文字",但从实际的角度出发,这仅仅是一种理想中的设计状态,在信息视图中文字的地位仍然无可取代。文字作为高度符号化的视觉元素,是信息传递的重要载体,对文字进行恰当、有效的设计,对于提高文本的可读性、可理解性以及信息的易搜索性均有重要影响。因此,我们有必要认真研究和讨论文字设计在信息可视化中的应用,然后通过有效的视觉流程组织编排,使用户的阅读体验达到最佳,符合用户的心理预期。

一、信息可视化设计中的文字编排

信息可视化设计的意义就在于运用清晰、平易近人、易于理解的视觉化语言向读者传达特定的信息。在实践项目的设计过程中必须要以读者的需求为前提,选择读者能够易读、易懂的图像、文字、表达方式及视觉层次完成对信息的视觉转化。此外,在信息可视化设计中对文字进行编排时,还需要注意以下两点。

(一)文字的布局

文字布局是对字符之间的距离、摆放位置、字体形式、文字大小、对齐方式等方面进行的设计。信息可视化设计作品中文字的处理,特别要注意其可读性,包括字行的长短、段落的分配、空间的留白、标题的突出等都要做系统安排。良好的字体布局就是版面的编排过程,能够带给读者美的视觉享受。

文字大小的不同将会决定信息传达的侧重点,可以根据不同读者的使用需求进行设计。巧妙的留白可突出主题,增强视觉效果,使人印象深刻。栏宽(行长)对于我们快速读取信息会有直接的影响,栏宽过窄导致内容不连贯;而栏宽过宽,眼睛则难以定位新一行文字的起点,两种情况都会导致视觉疲劳并影响阅读时间。行间距也是影响文字可读性的因素之一,过窄或者过宽都会影响阅读的流畅度,字号加大行间距也需相应增加。

文本可以采用不同的方式对齐:居中对齐、左对齐、右对齐、两端对齐或分散对齐。根据现代人由左至右、由上至下的阅读习惯,段落文字中西文多采用左对齐的编排方式,中文则采用两端对齐才符合字体的结构特征。当大量的文本被设置为右对齐或居中对齐时,那些变化无常的零碎边缘将会使读者难以定位每行的开头,大大减弱读者分析信息的速度,甚至会造成视觉疲劳;而分散对齐会让末行的文字加大间距以适应栏宽,适用于个性化的设计。

(二)文字的层次

层次指的是图片、文字符号等信息编排的秩序感。在信息可视化设计中,正确的设计层次能够引导读者的视线流,并帮助其迅速理解图像与图像、图像与文字、文字与文字之间的相对重要性。

图像和文字信息的层次感在任何设计作品中都应该是清晰的,尤其是对于复杂的信息可视化设计项目,这种层次感尤为重要。信息图表设计被看作构造信息结构的方式,在复杂枯燥的信息中运用逻辑思维提取关键内容,运用视觉语言将文本形象化、信息秩序化和时空层次化,最终将信息清晰、美观地呈现给读者。

在文字的编排中使用字体层级设计,如变换字体、字号、字体形式和颜色等,都可以更好地增强文本的层次感:如果标题文字使用加粗、加大的正文字体,那就在注解上使用较小的斜体字或是换成笔画较细的其他字体,而小标题则可以使用较大于正文字体的字号或是字体加粗、变换颜色。

信息可视化设计中文字的编排设计要考虑到信息读者的需求、使用环境和目的,传达信息要准确合理,文字符号的使用要简练、直观,具有时代感、注重人性化,在传播信息的同时给人以美的享受。

二、文字运用的相关技巧

图标中使用的文字主要分为"文字本身即作为图片来使用"和"在图片中加入文字对图标进行补充说明"这两种情况。在图标中使用文字时,文字的字体、大小、字间距、颜色等都是非常重要的设计要素。特别是文字信息在和符号图形一起使用的情况下,符号图形和文字之间的大小比例也非常重要 [①]。一般而言,比例问题是包含图标的图面的内部问题,但是在含有文字信息的情况下,比例问题也有可能指的是符号图形和文字之间的相对构成比例。接下来,我们围绕信息视图中文字要素的相关运用技巧进行讲解。

(一)字体选择技巧

合理的选择及巧妙的文字编排不仅能够更好地体现设计主题的内涵,也有助于信息的传达。一般来说,根据视图的实际情况来考虑,字体的选择要遵循以下几个要点。

1. 可读性与易读性

字体的易读性与可读性是帮助读者清晰理解作品信息的关键。易读性体现在形状、尺寸和风格上;可读性则是指在大量的信息中,文字内容阅读的速度和清晰度。可读性与字体的易读性有关,但同时也受版式编排设计的影响。

文字的形状体现在字体本身正形和负形的关系上(正形为实体形状,负形为实体形状外周围的空间),它直接影响了文字的易读性。例如汉字中最常见的,也是信息可视化设计中最常用的两种字体:黑体和宋体,由于其书写结构上的差异,应用范围也不尽相同。通常像字数较多的文章,正文采用的多是易读性较好的宋体字,因为其笔画起始和结束位置有装饰角,大面积使用时有节奏的变化,长时间阅读不容易疲倦;

---

① 崔宪浩.根据图标形态和背景色进行的导航界面的提案设计和评价 [D].首尔:成均馆大学,2013.

而像标题、表格内文字较少的部分则采用较醒目的黑体字,不必长时间观看。

2. 可辨识性

可辨识性是指文字的可辨识、可辨认度,更多地侧重于字或词的较微观层面。关于可辨识性的研究是基于理性的分析和试验结果,比如动态识别性、低照度识别性、弱视人群识别性等,由试验结果可以得到相对客观的结论。文字设计的可辨识性是影响可读性的基本因素之一。字体、字号、字词间距和行间距对于可读性和可辨识性均有影响。随着信息爆炸时代的来临,人们逐渐淹没在信息的海洋中而文字设计很少受到关注。字体设计应具有独特的个性,吸引观众的注意力,特别是文字类型徽标和公司标准字词的设计要强调辨识性。设计良好且易于辨识的字体在树立公司形象方面起着重要的作用,并可能成为人们认知品牌的视觉核心。

3. 风格性

所谓风格性,就是从整个视图的风格出发,运用与整体风格相匹配的字体。假设你所选择的风格化字体相对复杂,当其大面积出现时辨识度会较差,那么你可以将这种字体用在视图中的一些关键性文字上,其余文字则选择一些易读性较高的字体样式。

不同风格文字的应用会给读者带来不同的感受,但在信息可视化设计中并不是所有风格的字体都适用,不论是衬线体(有装饰角字体)还是无衬线体(无装饰角字体)、手写体或是创意设计字体,易识别性是字体选择的前提。作品中标题文字可选择与主题风格一致的设计字体,而正文则多应用标准字体。标准字体虽然没有另类的形式、花哨的细节或者夸张的特性,但它们的比例及笔画粗细都会很均衡,作为补充信息能够配合画面整体风格达到信息传达的协调和统一。

(二)强调重点文字的技巧

在很多时候,我们需要对信息图中的一些重点文字进行强调,以提高大众对这些文字的关注度。强调重点文字的技巧主要有以下几种:①拉大色彩差异;②添加下划直线;③添加下划波浪线;④添加下划虚线;⑤添加线框;⑥添加色块;⑦添加特殊效果,如浮雕、投影;⑧改变字体;⑨加大字号。

（三）图文转换的创意

在大众的印象中,图形(图片)与文字是两种截然不同的视觉载体,但我们能通过适当的图文转换创意,将这两种元素串联起来,以此来呈现出一种"图中有文,文中有图"的效果,由此得来的创意元素,往往能传递出多重含义。

一般来说,图文间的转换手法,主要分为"图转文"与"文转图"两种形式。

1. 图转文

图转文就是以图形(图片)作为基本的构成要素,而后基于一定的意图,拼凑出某个(组)文字形态,以此来达到从图形(图片)到文字的转换目的。主要分为以下三步。

第一,确定基本图形。

第二,确定文字形态。

第三,将确定好的基本图形(构成要素),按照确定好的文字形态进行排列。

2. 文转图

文转图与图转文的设计手法截然相反,文转图是以文字作为基本的构成要素,而后基于一定的意图,拼凑出某个图形形态,以此来达到从文字到图形的转换目的。主要分为以下三步。

第一,确定基本文字。

第二,确定图形形态。

第三,将确定好的基本文字(构成要素),按照确定好的图形形态进行排列。

（四）正确处理图文关系

在信息图的设计中,文字的功能主要是作为图形的注解、说明和补充,因此,良好的图文关系是建立信息视觉层次结构的重要手段。在文字的设计编排中,首先不能破坏图形的完整性和识别性,所以必须在设计编排上处理好图形与文字之间的主从关系;其次,对于不同层级的文字信息,需采用相应的设计手法进行区分,例如字体、字号的选择,行距、间距的设置,编排方式的变化,色彩的变化与背景的添加,以及符号与文字的结合等都是信息图中文字设计常用的手法;再次,对重要文字信息的创意设计也是信息图文字设计的重要手段之一。

枯燥、单调是文字在人们固有思维中的认知,而在信息可视化设计中,选择少数几款字体,合理运用其物理形态及逻辑结构,文字的应用同样可以很精彩。信息图中良好的文字编排设计可以提升阅读体验,帮助读者快速找出各元素之间的联系,并确保各种数据和信息能够被快速识别和理解。相反,不准确的设计则会导致信息读取的歪曲和混乱。标题和说明文字作用于对信息图的深入解读,通过文字的阅读,读者会更易理解作品中传达的思想重心,并实现详尽、清晰、准确和快速阅读的目的。

三、文字在门票信息可视化设计中的运用

门票的主要功能包括准入、导视、宣传等,因此这就对门票所承载的信息量提出了更高的要求。特别是在导视和宣传功能中,如路线、景点名称、娱乐设施、配套设施、就餐、购物、停车、注意事项等信息,将这些信息整合优化就是门票信息可视化的过程。门票信息可视化设计的要点主要包括图形、色彩、文字等表现方式。

尽管在信息可视化设计中,图形是主要元素。但是这并不代表我们不再需要文字了。虽然我们生活在"读图时代",我们对图形的需求越来越多,但是文字在我们的生活中意义却并没有减少,文字和图形都是信息设计的表现方式。信息可视化设计并不是将"图"和"文字"分割开来。相反,优秀的信息可视化设计是图形和文字的合理组合,只有文字同图形达到优化组合,信息的传递的效率才能提高。在门票的信息可视化设计中,文字的作用十分重要。因为在门票中的许多信息是无法用图形取代的,比如景点名称、位置信息、辅助信息等。在门票设计中,文字的合理化就显得十分重要。文字设计最重要的原则就是可识别度,要让人易读、易懂,合理布局切忌零散繁杂,更不能为了追求视觉效果而降低文字的可识别度,因此需要注意以下几点。

（一）字体识别度

在门票这类公共性很强的信息载体上，一般采取识别度高的字体。文字应避免繁杂零乱，使人易认、易懂，切忌为了设计而设计，忘记了文字设计的根本目的是为了更好、更有效地传达作者的意图，表达设计的主题和构想意念。让你想表达的内容清晰、醒目，让阅览者一开始就可以明白你的意思。汉字多采用宋体、仿宋、黑体、楷体。英文字体一般选择使用"Arial"。数字上一般使用"Times New Roman"。因为这些字体书写规范，印刷可视度高，易于阅读和传递信息。比如宋体，它横细竖粗、结体端庄、疏密适当、字迹清晰，长时间阅读宋体，不容易疲劳，所以书籍报刊的正文一般都用宋体刊印，也十分适合运用于门票的文字信息中。

（二）字号和字距

在字号的选择上同样要遵从可视度高的原则。门票作为一种公共使用度很高的票据，在设计的时候应该全方位分析受众人群，门票的受众群几乎涵盖了所有年龄段的受众。避免使用不清晰的字体，否则容易使阅览者产生反感和麻烦。

对于老年受众，由于视觉的衰退，在阅读文字上相较其他人群更为吃力。因此在字号字距的选择上应多加考虑。据中国台湾云林科技大学李传房教授研究所得，在 50 cm 的视距下，老年人能看清的字号约为 15 pt，阅读视距一般为 20 ~ 3.5 cm。因此，为满足老年人阅读门票上的文字，建议应用低光泽的上光油印刷，中文体字大小至少应为 10 p；应用高光泽的 UV 上光印刷加工工艺，中文体字少应至为 11 pt。

（三）字体颜色

字体颜色也是决定文字可识别度的重要元素。字体颜色的选择也是要以可识别度作为标准。在门票设计中，字体颜色的选择要考虑到门票的材质和色彩。文字色彩和背景色彩搭配好坏将直接影响到信息可视度。一般说来，浅色背景配深色文字（图 3-8、图 3-9）或者深色背景配浅色文字（图 3-10、图 3-11）对比度高，识别度强，信息传达速度较快。文字颜色与背景色应选取对比度较大的两种颜色，而不宜选取色相较近或同一色系的两种颜色。

图 3-8　樱花节入场券（正面）

图 3-9　樱花节入场券（反面）

图 3-10　欧洲杯入场券

图 3-11　公开课入场券

文字色彩饱和度的选择也直接影响到信息传递的效率。色彩的饱和度高,在用户阅读的时候容易引起注意。但是饱和度高同样容易引发视觉疲劳,如运用了饱和度高的蓝色和饱和度较低的蓝色相对比,在不影响可识别性的前提下,选择饱和度低的文字的色彩更柔和。

文字的色彩运用在大部分门户网站链接中都能看到。在各大门户网站页面的链接文字都选择了饱和度相对降低的蓝色,在起到吸引注意的同时也不会产生视觉疲劳,这对于门户网站这类的大容量信息传递的媒介十分必要,同样也运用于门票的信息可视化设计中。

第三节　信息可视化中的色彩

一、色彩概述

(一)色彩的基本特性

色彩有三个基本特性:色相、饱和度、明度。它们对人的心理情绪有不同的影响。色彩中的冷与暖、轻与重、远与近、膨胀与收缩,以及色彩的明与暗、强与弱,说明色彩的性质,而冷与暖等也是人们心理和视觉情绪的反映,是一种感觉对比。

(二)色彩的作用

人们对于色彩的认识,是感觉、知觉或是抽象思维的概括反应。色彩是表达思想和传递情感的中介,不同的颜色代表不同的属性,视觉表征亦不同,会直接影响受众从视觉到感官再到思维存储信息,所以也把色彩称为象征符号。"色依附于形",色彩与图文符号、形式符号共同组合进行视觉表征,保证画面的和谐,打造良好的视觉感受来向受众传播信息。色彩在视觉表征中有如下效用。

（1）区分主次。色彩在信息可视化视觉表征设计中具有信息分类和强调的效用，通过色彩，可以区分主次关系和类别，色彩在视觉感知中最为直观，基本上不需要逻辑性的思考就可以获取信息。

（2）蕴含文化。各民族由于环境、文化、传统等因素的影响，对于色彩的喜好也存在着较大的差异，因此色彩符号在视觉表征过程中也应该注意整体的色彩和主题内容以及文化内涵相符合。比如，绿色是自然环保色，代表着健康、青春和自然，绿色经常用作一些保健食品的标识，如果搭配上蓝色，通常会给人健康、清洁、生活和天然的感觉。不同明度的蓝色会给人不同的感受。蓝天白云，碧空万里，代表着新鲜和更新，蓝色给人冷静、安详、科技、力量和信心之感。现代工厂墙壁多用清爽的蓝色，以起到减少工人疲劳度的作用。同样，医护人员的服装也多采用淡蓝色或淡粉色（图3-12、图3-13），传统的"白大褂"（图3-14）正在逐步退出历史，这也是人们对手术室医护人员和临床病人的心理研究的结论。

图3-12　医护人员的服装（1）　　图3-13　医护人员的服装（2）

图 3-14　医护人员的服装（3）

二、信息可视化中的色彩

色彩对于信息图设计的重要性不言而喻,这是因为色彩具有传达个性、烘托氛围、美化页面的重要作用。

（一）色彩基础的重要性

要想在信息图设计中游刃有余地运用色彩,具备扎实的色彩理论知识与搭配技巧是必备基础,这包括对于色彩属性与个性特征的深入了解,以及对于色彩搭配即在不同需求下的色调营造与表现能力的训练与培养。

（二）结合实际的色彩表现

在信息图的设计中,独一无二的色彩基调是营造信息图独特外观形态与气质氛围的重要手段,因此,色彩的表现至关重要。然而,色彩表现并非盲目空想,而是要结合以下三个重要的因素进行全面思考。第一,参考信息对象的原有色彩。当然,对象的原有色彩可能会随着时间流逝、季节变换有所改变,因此,在设计中要灵活变化,周全处理;第二,从受众的性别层次、年龄层次、文化层次来甄别其色彩喜好,从迎合受众心理的角度进行色彩的表现;第三,结合行业、领域的象征色或专属色进行色彩的表现。但是,上述三个因素在实际应用中并不是绝对独立存在的,而是相辅相成、相互制约的。因此,需要在具体设计中结合信息主题与内容进行全盘考虑。

（三）色彩的选择

在信息图设计中,颜色的选择十分重要。理想情况下,无论何时,一种颜色只应代表一个对象（色彩双向一致性）。如果数据集中的颜色数量众多,其间的细微差别难以区分,那么即使一种颜色在不同子集中代表不同的对象,也应确保其在不同子集中的一致性（色彩单向一致性）。在选择颜色的时候,应遵循以下原则。

①使用区分度明显的颜色。

②使用简单、熟悉、通用、好记且易联想的颜色。

如果要使用明度相近的颜色,就要确保文字在所有背景中的颜色或明度一致。

③了解暗含"危险""小心"以及其他禁止性含义的颜色。

④如果遵循上述原则会影响多数人在多数情景下对设计的理解,大可无视它们。

⑤在设计方案的时候,别忘了色盲人群（男性约 8%,女性约 0.5%）。

⑥上下文也极其重要,单凭颜色本身不能促成选择、认知以及记忆。

在图形符号上的颜色应用在一定程度上超越了认知、审美的领域,囊括了文化或生活习惯等象征性意义。一般而言,人们在生活习惯、社会性层面上对于颜色会有一定的固定思维,这些固定思维经过了时间的洗礼,已经固化成一种文化象征,不同的文化圈对于颜色的认知也不尽相同。所以在图形符号的颜色设计上,我们首先需要对图形符号的使用者进行文化或生活习惯的调查,另外,颜色所具有的感情特点具有一定的普遍性,所以在设计之前我们可以参考一些权威性的颜色——感情对应关系的相关理论[①]。

---

① 郑孝珍. 以信息的高效传达为目的的各类型 App 图标设计分析研究: 以苹果 App Store 为中心 [D]. 首尔: 梨花女子大学, 2011.

色彩风格统一对可视化设计来说必不可少。特别是对于像地图、技术插图或医学挂图这种信息量大的设计图表来说,色彩与布局是作品能否成功的关键环节。好的色彩搭配和整体的视觉体验会令人赏心悦目、流连忘返。

三、色彩在奥运会徽信息可视化中的运用

视觉元素的构建往往源于文本信息,文本中包含的具有明确具象特征的色彩、形状、场景等关键信息,为视觉元素的表现提供了线索,设计师将其"翻译"为图形。

例如在刚刚过去的东京 2020 年奥运会与残奥会(实际于 2021 年举办)上,日本设计师野老朝雄设计的奥运会徽,色彩来自日本传统色彩"靛蓝",这也是日本国家队一直以来队服的颜色。野老朝雄在采访中表示,日本靛蓝色的印刷油墨,颜色鲜艳,寓意经得起时间的考验。

这种传统的靛蓝色彩、重复出现的矩形,充分利用了视觉认知的记忆和迁移,正如经典的 IBM 标志设计。保罗·兰德(Paul Rand)在激烈的市场竞争环境中,为 IBM 设计了色彩、形状鲜明的 Logo 以后,还超越了纸本的应用,在 20 世纪 60 年代创新性地把应用场景扩展到包括宣传册、杂志广告、电视广告、信笺、传播资料、建筑标牌、卡车和包装上,甚至公司里的复写纸、打印机色带、微处理卡,再到 1964 年万国博览会 IBM 的蛋形亭的建筑上。当一个视觉元素用鲜明、简单易识别的形态,一直保持着节奏进行信息传达时,不用说,这种传达效率是惊人的。

四、色彩在门票信息可视化设计中的运用

在信息可视化设计元素中,色彩相较于图形和文字可能是人们了解得较少的设计元素。往往设计者在考虑如何将信息图形化时,将色彩知识作为一个装饰使用。在国内的门票设计中显现得尤为明显,色彩往往只是一种形式感的存在。而在门票的信息设计中,色彩的运用就更加缺乏,许多甚至直接抛弃了色彩,现今国内很多门票中的导视设计或者路线设计直接采用黑白色。

其实色彩的作用远远不止这些。在信息可视化设计中,将图形、文字同色彩相结合可以更好地传递信息,使信息更加生动,表达更加准确,色彩本身也具备传递信息的作用。具体可以:区别不同、辅助内容查找、帮助记忆、强调等。色彩可以帮助人们对信息进行深入分类,丰富作品的表现形式,并且给受众带来视觉效果上的享受。根据信息科幻时候的具体需求,把握色彩的设计原理、视觉特性、色彩之间的对比与调和及其对受众造成的心理感受,充分利用色彩来增强信息内容的视觉效果,通过色彩调节弥补画面单调的欠缺,制造一种和谐统一的效果,使信息的表达在受众中获取特定的、良好的视觉效果与心理效果。

(一)色彩可以区分不同

在图表中的各栏采用不同颜色,可以很好地区分出代表的不同信息,在颜色的选择上要注重主色调的确定与各种颜色之间的协调,使信息表达更加明确的同时增加视觉效果。

门票的种类繁多,一个景区或者一个演出会有不同种类、不同面值的票面,运用不同的色彩能很好地将这些票种区分出来。而在门票的信息设计上,运用不同的颜色也是将众多信息相互区分开来的方法。

(二)色彩可以帮助查找信息

色彩可以告诉我们是否找对了信息。比如在图书目录中,各章标题的色彩与此章中这个标题的色彩相吻合,我们就能很快地找到这章节内容;这一章节的页码也使用同样的颜色,能更方便我们查找信息。色彩这一功能在门票中的作用十分的明显,比如在演出的门票中,不同的票价代表不同的座位区,用不同的颜色加以区分,我们通过色彩就可以很轻松地找到各自的位置。

(三)色彩可以帮助增强记忆

通常,我们会熟悉一种一直使用的东西,颜色也是如此。比如红色代表警戒,试想一下如果世界通用的禁制标志换成粉色会是什么效果,在禁制标志中,色彩起到了很重要的作用,如果换成另一种颜色其权威性都会大大减弱。

（四）色彩可以对信息进行强调

我们在观察事物时。视觉的第一印象是对色彩的感觉。色彩是影响视觉感受最活跃、最敏感的视觉元素之一。来自外界的一切视觉形象,如物体的形状、外貌、空间、位置等,都是通过色彩和明暗关系来反映的,我们必须通过色彩才能认识世界、改造世界。色彩具有较强的视觉冲击力,同时又容易引起人们的心理变化和情感反应。因此,色彩是最容易引起受众注意的设计要素。不过,一种色彩如果使用过多,或者是使用了过多的色彩,反而会对信息造成干扰和妨碍。

（五）色彩能够传递情感

人们对色彩的情感感受不尽相同。比如,女性偏爱暖色系以及饱和度较低的色彩,比如粉色系列,而男性则偏爱冷色或灰黑色系;其次,不同的民族由于文化、地域上的差别,对颜色的喜好也各不相同;然后,不同的年龄阶段对颜色的情感也是不一样的,比如儿童就更喜欢红、橙、蓝等鲜艳的色彩,而成年人则对紫、灰、咖啡色等比较成熟稳重的色彩感兴趣。掌握好颜色的情感特点,对我们进行信息可视化设计可起到促进作用。不同的门票可以采取不同的色系,比如音乐演出的门票就有多种颜色搭配选择。偏向青春时尚的演唱会大多采用黑色、宝蓝、炫紫等时尚跳跃的色彩,体现出青春的活力。而一些大型的音乐会演奏演出可以采用棕黄、褐色、镀金等稳重大气的颜色。还有,一些赏樱花的门票往往采取粉色(图3-15),将面向儿童的门票往往设计成五颜六色。

图3-15　赏樱门票

颜色的功能众多,但是色彩却不能盲目使用,错误的色彩搭配带来的后果是十分严重的。

在进行色彩设计的过程中须遵守以下几个原则。

①近似配色：指的是用相邻或相近的色相进行搭配。这种配色因为含有三原色中某一共同的颜色，所以很协调。因为色相接近，所以也比较稳定，如果是单一色相的浓淡搭配则称为同色系配色。出彩搭配：紫配绿、紫配橙、绿配橙。

②对比配色：用色相、明度或艳度的反差进行搭配，有鲜明的强弱。其中，明度的对比给人明快清晰的印象，可以说只要有明度上的对比，配色就不会太失败。比如，红配绿、黄配紫、蓝配橙。

③渐进配色：按色相、明度、艳度三要素之一的程度高低依次排列颜色。特点是色调沉稳又很醒目，尤其是色相和明度的渐进配色。彩虹既是色调配色，也属于渐进配色。

④色调配色：指具有某种相同性质（冷暖调、明度、艳度）的画册色彩搭配在一起，色相越全越好，最少也要三种色相以上。比如，同等明度的红、黄、蓝搭配在一起，大自然的彩虹就是很好的色调配色。

⑤单重点配色：让两种颜色形成面积的大反差。"万绿丛中一点红"就是一种单重点配色。其实，单重点配色也是一种对比，相当于一种颜色做底色，另一种颜色做图形。

⑥分隔式配色：如果两种颜色比较接近，看上去不分明，可以靠对比色加在这两种颜色之间，增加强度，整体效果就会很协调了。最简单的加入色是无色系的颜色和米色等中性色。

第四节　信息可视化中的语义

随着互联网、物联网、云计算的迅猛发展，人们进入了信息爆炸的时代。人们在信息的海洋里常常面临"认知过载"和"视而不见"的双重困境。尤其是近年来伴随着大数据的兴起，巨量的数据规模、多样的数据种类、高速动态的数据变化率以及低密度特征的高价值性，给人们理解现象、探索知识、挖掘规律、辅助决策带来了巨大的挑战。

如何从大规模复杂数据中抽取有价值的信息,洞悉数据背后隐藏的知识和规律是大数据研究领域的核心问题。围绕着这一目标,学术界主要从两个维度展开研究:一方面是从计算机的角度出发,充分利用计算机的大容量存储和高效能计算能力,通过自动化高效率的数据处理和分析算法来挖掘知识;二是从人(用户)的角度出发,旨在充分利用人的感知和认知能力优势,例如人类视觉系统对图像信息的瞬间接收和理解能力,主要通过人机交互的方式协作分析问题并挖掘数据背后隐藏的知识以获得洞见。大数据可视化是第二个研究维度的典型代表。它建立在信息可视化(Information Visualization)理论的基础上,通过建立数据空间到图形空间之间的映射关系,以符合人们心理映像的可视化图形隐喻作为数据的信息表征,使得人们能够直观地感知和认知数据背后的规律和知识。目前,信息可视化已经成为大数据研究的重要方法和有力工具。

一、面向信息可视化的语义 Focus+Context 人机交互技术

信息可视化是辅助用户洞悉大数据背后隐藏的知识和规律的重要方法和有力工具。如何在图形用户界面中对大规模信息以符合认知规律的方式进行可视化,并且使得计算机能够智能化地理解用户意图以配合其进行高效的人机交互,是信息可视化面临的挑战之一。通过查阅文献,我们惊喜地发现目前已经有团队提出了一种面向信息可视化的语义 Focus+Context 人机交互技术。首先,在基于空间距离的经典 Focus+Context 数学模型基础上对其进行语义建模和扩展,建立了面向信息空间和可视化表征空间的语义距离模型以及语义关注度模型,定义了交互中的焦点对象与语义上下文。其次,在此基础上建立了语义 Focus+Context 用户界面模型,给出了界面抽象元素和实体元素以及映射关系的形式化描述;同时建立了 Focus+Context 交互循环机制。最后,给出了应用于经典 Focus+Context 及鱼眼数学模型的描述,表明文中提出的方法具有很好的兼容性描述能力;同时,给出了面向文件系统主题聚集的语义 Focus+Context 应用,给出了基于主题语义关注度与嵌套圆鱼眼视图的动态可视化实例,应用实例表明文中提出技术能够有效支持用户在信息可视化界面中对大规模信息进行智能化的可视化和交互

探索。

信息可视化领域的Focus+Context（F十C）技术是一种符合认知心理学的人机交互技术，能够有效匹配人在探索信息时的认知心理映像，在信息可视化各研究领域得到了广泛的应用。F+C交互技术依据的认知规律是：人在探索所关注的焦点信息和详细细节信息时，往往需要同时保持整个信息空间尤其是焦点相关的上下文信息的可见性。F+C的一个典型的应用是鱼眼视图技术，通过局部图形变形技术，将用户关注的可视化表征突出并放大，焦点周围的图形随着距离渐远而逐渐缩小。当前F+C交互技术的局限性是基于可视化表征之间的空间距离来定义焦点和上下文的关系，忽略了用户高层意图所关注的、与焦点具有语义关联关系的上下文信息；同时，当数据规模增大时，数据与图形之间的映射将导致大规模可视化表征空间，在交互中若不对所需可视化的上下文进行有效取舍，将严重影响交互的效率。

二、信息可视化与F十C交互

信息可视化与科学计算可视化关注的重点不同，信息可视化以数据中的抽象信息作为可视化的主要对象，通过建立符合认知心理映像的、可交互的可视化表征，辅助人们对复杂数据中隐藏的规律和知识进行探索。当用户在呈现大规模数据的可视化界面中进行探索时，其认知心理往往倾向于在对局部感兴趣的详细信息进行探索的同时，保持信息空间的全局视图随时可见。依据这一认知规律所发展出的交互技术主要包括Overview+Detail和Focus+Context两类。Overview+Detail技术将信息空间划分为两个视图，分别提供用于信息空间全局导航的整体视图以及局部的详细信息视图。目前已经广泛应用于信息可视化各研究领域。然而，Overview+Detail的主要问题是用户的关注点需要在两个视图之间不断切换，这往往导致信息分析过程中连续性注意力的中断、工作记忆的频繁转换，造成思考时间的延长。

F+C技术将信息空间分为用户所关注的焦点信息对象以及上下文信息对象集合，并假定两类信息对象在可视化时所展示的信息是有区别的，并且要求焦点和上下文两种类型的信息对象融合于同一个单独的视图中予以可视化呈现 [①]。

三、语义 DOI 模型

（一）语义距离定义

在信息可视化界面中，将语义距离较近的信息对象突出并主动呈现给用户，将有助于智能化地辅助用户探索复杂信息。信息对象之间的语义距离不仅取决于它们的可视化表征在界面中的空间距离的远近，还与用户探索信息的任务目标以及意图密切相关。例如，当用户对互联网舆情信息进行分析时，如果分析任务是为了舆情传播的路径，那么具有相互引用链接关系的舆情节点之间就具有更近的语义距离，这是用户关注的重点；但如果用户意图是分析热门主题的聚集性和影响力，那么具有相似主题内容的舆情节点之间则在语义上距离更近，对于用户的任务目标更具有意义，而这些节点之间也许并没有互相引用和链接的关系。因此，信息对象之间是否具有语义关系以及语义距离的远近，随用户任务需求的不同而变化。

同时，信息空间本身具有的抽象特征也是影响语义距离的重要因素。Shneiderman 将抽象信息类型分为七类：一维、二维、三维、多维、层次、网络、时序。这些特定类型的信息对象之间所固有的结构性关系，例如层次结构信息中父子和兄弟节点之间的关系、有向网络节点之间的链接关系、时序信息随时间轴的连续性变化等，都是计算语义距离的重要参数。传统 F+C 技术中所采用的空间距离仍是计算语义距离的重要因素。

（二）语义 DOI 定义

语义距离是语义关注度（DOI）模型的重要参数，体现了信息对象工与焦点信息对象之间在语义层面的距离大小。在用户与可视化界面进行交互的过程中，可视化表征代表的信息对象具有不同的先验重要度。例如，根据视觉系统认知心理学，界面中央位置是获得用户关注最多的区域；此外，用户在可视化分析过程中会对认为重要的可视化表征

---

① 任磊，魏永长，杜一，等.面向信息可视化的语义 Focus+Context 人机交互技术 [J].计算机学报，2015（12）.

进行标记,相当于将先验重要度赋予了相应的信息对象。因此,先验重要度也是影响用户关注度模型的重要因素。

为了更加灵活地控制和调整交互过程中语义上下文信息的规模,可通过设置阈值的方式对语义关注度模型所得出的信息对象集合予以限制。

语义 Focus+Context 模型的价值和意义在于为信息可视化中的人机交互技术研究提供了一种新的符合认知规律的、更为智能化的理论模型,对于大数据背景下如何有效地对大规模复杂数据进行分析提供了一种用户关注度驱动的智能人机交互式可视分析方法。

第五节　信息图形设计案例过程展示——以服药指导象形图为例

本案例主要以模块化系统的方式对中国服药指导象形图进行设计,本书中较为详细地了解了制图模块化与核心元素模块化的造型特点和含义,重新审视了模块化系统,并通过将其应用在图形符号的设计上,发现了能够传达全新含义的模块化的视觉表现方法。实际案例中,在信息图形的设计中,点、线、面等基本造型要素在模块化系统中通过重复、排列等与组合相关的造型原理可以表现为多种多样的图标。

各个造型要素已不再仅仅作为视觉性的表现形态,也作为可以传达语义的语义性基本单位而在模块化系统中得到了广泛的应用,即视觉要素或语义要素正在成为模块化系统的表现手段之一。从这点出发,图形符号作为全球性的视觉语言,其视觉表现方法可以以模块化系统为基础,更加有效地传递信息。在维持模块化系统的基本形态的同时,使用视觉表现方法来表现代表语义的象征图形要素。

本案例在模块的组合中使用系统化的方式,在具有统一性的基础上,变现方式既简单又能表现出多种多样的形态。同时,将模块化系统应用在服药指导象形图上,并对相关应用实例进行细致的分析。为了信息的有效传达,将模块化系统应用于服药方法的视觉化表现形式——服药指导象形图,从全球化的视觉语言出发,达到扩大模块化系统的应用范围的目的。为此,本案例先找到服药指导象形图的基本单位——

服药指导的核心象征要素和具有传达力的视觉表现方法,设计出比单纯制图式图标表现更有效的、具有传达语义功能的模块化服药指导象形图。

服药指导象形图所应用的模块化系统,使用简化的药品象征要素,能够提高认知程度,并具有信息传达的多样性(能够传达出多种多样的信息)。以此为基础,模块化系统不仅可以应用于服药指导象形图,也可以应用于其他领域的象形图上,达到丰富视觉表现方法的多样性的目的。

在服药指导象形图上应用模块化系统时,可以通过完整的组合形态来传递信息,并提高符号元素的兼容性、服药方式的多样性、使用者的理解度等,而这一切的前提是对本质结构的解构和分析。模块化服药指导象形图不仅是可以提高多样性的表现手段,随着科学技术的发展,模块化系统以其可以创造出更加新颖多变的设计的能力在某种程度上有着更大意义。另外,通过模块化系统的多种设计表现手段,按照应用程度,展现了基本模块组合的语义或多样化的表现方法。并且,服药指导象形图大部分的内容形态都是相同且重复使用的,应用可以将其形态进行分解重构的模块表现可以极大地提高信息传递的效率。

本案例的研究目的是从全球化的视觉语言出发,在综合性地分析中国人的视觉要素、文化要素、表现方法后,设计服药指导象形图模块化系统的表现方法,并对其进行评价,为模块化系统在各种信息图形和设计领域的应用提供指导标准。

一、服药指导象形图及其特征

(一)服药指导象形图的概念

服药指导象形图是为了让患者更加有效且安全地接受药物治疗,将与服药相关的事项以象形图的形式进行表现的一种方法。一般包含医药品的用途、预期效果、使用方法、用量、服药时间、服药间隔、副作用、贮藏方法、不可同时服用的其他药物说明和饮食禁忌等内容。

（二）服药指导象形图的特征

很多人在健康信息服务的理解上有着一定的困难。本书认为，为了保障治疗效果和保护个人健康，对于有关健康的信息具备一定的理解能力是必需的。健康认知能力是指个人在健康问题上做决定时所需的对基本健康信息和服务的处理和理解的程度。不幸的是，全世界很多国家都存在由于某些个人健康认知因素造成公民健康受到影响的情况，这些因素包括年龄、接受教育水平以及移民身份等，与个人的健康信息理解能力无关，疾病的状态和语言壁垒也会对治疗造成一定的障碍。服药指导象形图有针对性地切合使用者的认知模式，通过描写明确的服药信息的图片来改善这些因素造成的影响，从而达到改善公民健康的目的[①]。

在这种情况下，为了提高患者接收到的健康信息的质量和信息的易理解程度，象形图相关研究的出现成为必然。在患者接收到的口头或书面引导中加上图片文字可以帮助患者理解医嘱信息，提高患者对医疗指示（医嘱）的遵守程度。另外，象形图也可以提高阅读能力弱的患者对于医学指示（医嘱）的短期和长期记忆[②]。

服药指导象形图的标准应该将各个国家的视觉认知习惯的差异最小化，在设计之初就从国际视觉语言的视角进行开发，使人们可以通过自己所处的社会和文化来理解象形图，并且人与人之间的视觉归纳能力也存在一定的差异，服药象形图的标准在设计上应该从国际化的视觉语言出发进行设计，只有这样才能防止因为文化差异造成的信息传递的困难。服药指导象形图的开发不仅仅以中国为对象，也应该更广泛适用于其他国家。服药指导象形图的特征有以下几点。

1. 快速传达服药信息

语言和文字是理性的、分析性的，通过话语的连续排列按照时间顺序理解。相反，服药指导象形图的理解是感性的、综合性的，其中的信息可以通过信息图形符号的表现方式同时获取。

---

① 王晶，朴辰淑.以有效性的信息传达为目的的服药指导象形图开发方向研究[J].基础造型学研究，2018，14（9）：407-408.
② Charles T. The design, understanding and usage of pictogram[D]. Paris: University of Paris, 2007.

2. 易于患者理解

文字信息的理解需要一定的学习或是特定的知识储备,而象形图本质上是通过所要表现的内容的形象化作为基本传达手段,不需要知识或教育,即大部分的象形图几乎可以自然而然地学会。

3. 视觉语言的读取能力提高

象形图需要视觉语言进行转换,所以服药指导象形图为了将核心象征元素视觉化表现,需要通过具有浓缩语义的单纯化的图形来表现,由此提高视觉语言读取能力。

4. 不受时间的约束

作为一种空间性图形符号克服了时间的制约,空间性符号是指绘画、地图、图形等符号群在一定空间中排列组合形成的产物,所以象形图与信息传达的同时就消失的语言符号不同,是可以永久传达的空间信息图形,可以不受时间的约束。

5. 节约展示空间

将需要指示的信息进行浓缩,节省了空间,更醒目更易理解。在一定的产品空间内需要传达很多要素时,服药指导象形图以其简洁性可以极为方便有效的节约包装空间。

二、服药指导象形图事例分析

对于当前已有的国家或地区的医药现状和服药指导象形图设计特点的分析可以很好地帮助中国服药指导象形图的开发。另外,比较分析各个药学机构的服药指导象形图的具体内容、表现方式、设计特点,可以了解它们的优缺点,结合中国药学现状的具体情况,开发出适合中国使用者的服药指导象形图的内容和表现方法。

按照中国正在使用的药品的成分,可以将药品分为化学药剂和汉方药剂,化学药剂主要是指医疗服务发展较为先进的西方国家的药物。所以,本书研究主要以西方国家有代表性的美国药典委员会(The United States Pharmacopeia—The National Formulary,以下简称 USP-NF)和国际药学联合(International Pharmaceutical Federation, FIP)为主要分析事例。汉方药剂主要是指东方国家中国、日本和韩国的药剂,日本和韩国虽然与中国的情况较为类似,但是较中国而言,医疗服务中药品系统相对完善。日本的 RAD-AR 协会在 2004 年开发了标准化的服药指导象形图,韩国药学信息院为了促进药店的服药指导,于 2014 开发了有助于医药品服药信息传达的象形图服药信息。本书以以上四个药学机构开发的服药指导象形图为分析对象进行分析。

(一)美国药典委员会

美国药典委员会(USP-NF)是一个成立于 1 820 年的非营利机构,总部位于马里兰州罗克维尔,在巴西、中国、瑞士、埃塞俄比亚、加纳、印度、印度尼西亚、菲律宾、尼日利亚均有分支,拥有 1000 名员工,美国本部的机构由 9 个部门组成,每个部门的具体职能如表 3-14 所示。

表 3-14　美国药典委员会组织与职能

分类	职能
Executive Office	最高经营者(CEO),USP 领导力
Strategy and Business Development	USP 整体事业战略的制定和调整
Legal Office	法律及伦理保障、品质保证(Quality Assurance)
Science Office	· 医药品(包含生物学制剂、添加剂):发行美国药典及药典论坛 · 健康功能食品:发行健康食品公证书,天然物质公证书,运营认证业务和 GMP 支援项目 · 食品:发行 Food Chemicals Codex(FCC)和 FCC 论坛,运营 Food Fraud Database · 国际健康:为发展中国家的药品供给和医药品质提供保障的教育事业设施,WHO 事前合格性评价咨询
Global External Affairs	顾客咨询、政府及行业内交流
Strategic Marketing & Program Operations	食品、医药品、健康功能食品、教育等各事业部门的战略制定
Operation Office	财政、行政支援
Global Laboratory Operations	实验室运营、标准参考物的生产和提供

续表

分类	职能
Global Information Service	IT 技术支援、公证书出版业务

美国药典委员会根据美国联邦食品、医药品、化妆品法（Federal Food and Drug and Cosmetic Act）规定为公正书，具有医药品品质标准化的功能，美国药典委员会为了公共卫生品质标准的持续发展，网站上公开了金属性易物、放射性药品的标准、药物调剂室现代化等主要焦点主题，并提供相应信息和收集公众意见。特别是 USP-NF 针对一般实验法和医药品调剂的改善，增加了有关技术发展和行业收容能力的新条目，并对以前的内容进行现代化手段处理。

美国提倡标准化的 USP 象形图的使用，这样可以防止人们对于象形图语义的曲解。图 3-16 是美国药典委员会开发的服药指导象形图（注意事项、警告事项、指示事项、副作用等）。

（二）国际药学联合会

国际药学联合会（FIP）是国家药学协会的世界性联合体，通过会员制，FIP 连接了全世界数百万名药剂师和医药学者，并为他们提供服务。

FIP 成立于 1912 年荷兰的海牙，迄今为止一直将本部设在海牙。FIP 作为一个有着一定历史的组织，也在开展新的事业，拓展其规模，与会员们齐心协力为会员们提供更好的服务，追求积极的变化。国际药学联合会在国际药学领域具有崇高的地位，是全球的药学学术最高组织，是药学领域的最高殿堂，是推动国际医药领域科技研发、应用实践和专业教育的重要力量，在世界上具有广泛的国际影响力、深入的政府协调力、全面的专业指导力、强大的技术后备力。

FIP 以为全世界的药剂师和医药学者提供服务为核心目的。开发了有效传达正确服药方法的服药指导象形图，如图 3-17 所示。

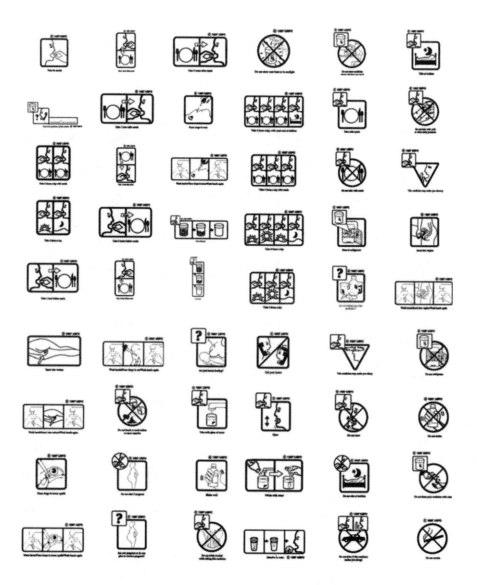

图 3-16　美国药典委员会开发的服药指导象形图

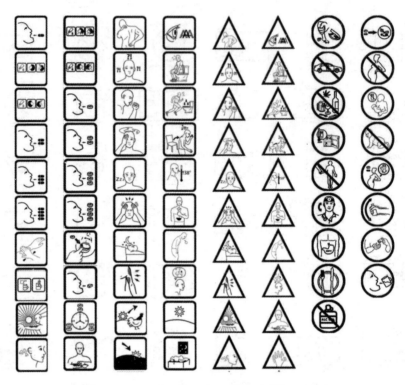

图 3-17　国际药学联合会开发的服药指导象形图

（三）日本 RAD-AR 协会

日本 RAD-AR 协会成立于 1989 年 5 月。1980 年代末，美国和日本同时设立了促进了 RAD-AR 活动的组织。相比于海外组织的企业性质，日本的特点为自发性企业形成的团体。该协会的事业为国际性学制，具有公共性，以相应的形态形成组织并进行活动。

RAD-AR 协会的目标如下。第一，引导对医药品的正确理解和使用。第二，在疾病的治疗上充分反映出个人的意愿。第三，获得具有安全性的医药品信息。第四，帮助正确实践自我治疗。

该协会倡导制药行业的社会贡献和评价，提倡在为公民提供医药品的信息的同时，通过教育使公民获得医药品知识，主要在三个方向上强调以下领域。第一，发展基本服药教育，为各个阶层提供"医药品知识"。第二，提供新闻报道等客观性信息和意见。第三，利用"药品标签"提供制药企业的信息。

2004 年，该协会开发了标准化服药指导象形图，其内容包括剂型、用法用量、注意事项、禁忌事项、副作用等,如图 3-18 所示。

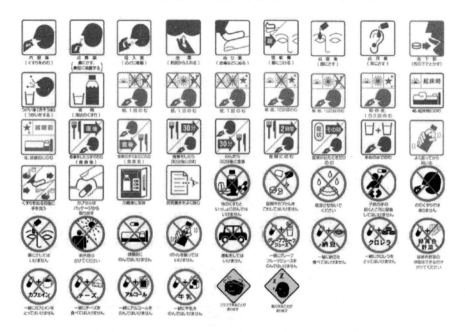

图 3-18　日本 RAD-AR 协会开发的服药指导象形图

（四）韩国药学信息院

2014 年,韩国药学信息院制作了囊括药店经常使用的服药信息的 74 种象形图,又在 2015 年 9 月补充申请了 35 种象形图服药信息,并有英文版本且开始提供彩色打印功能。补充申请的象形图服药信息包括注意事项、用法、副作用、剂型、与食物的相互作用、禁忌事项、保管方法等内容。至此加上已有的完成专利申请的 74 种象形图,韩国药学信息院提供的象形图一共有 109 种。同时,韩国药学信息院也提供象形图服药信息的英文版本。随着外国人在韩国的医疗服务使用的增加,在药店针对外国人患者也能提供很好的服药指导。另外,新搭载象形图服药信息的彩色打印功能,可以在红色、蓝色、黑色中自由选择颜色并打印,利用颜色显眼的象形图服药信息,可以引起患者的注意。

可以在药学信息院的主页（www.health.kr）（图 3-19）或药店保险申请项目 PM2000 里使用象形图服药信息,选择需要的颜色和大小进行打印,再利用标签纸等即可粘贴使用。

杨德淑院长曾说道"象形图服药信息能帮助外国人和社会弱势群

体安全的服用药物并防止药物的误用和滥用","药学信息院为了促进药店的服药指导和营造正确的服药文化,会持续地强化服药信息内容。"①

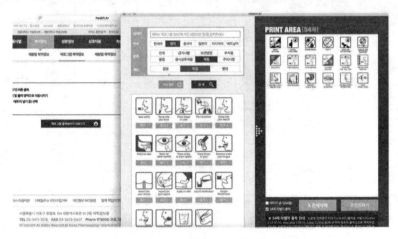

图 3-19　韩国药学信息院的网页

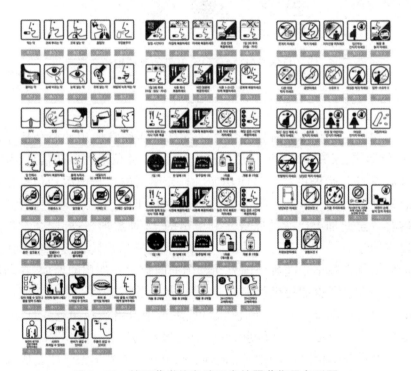

图 3-20　韩国药学信息院开发的服药指导象形图

① 林彩圭.补充申请药学信息院象形图服药信息 35 种 [N] 药业新闻,2015, 9.

通过对服药指导象形图的现状的了解,美国药典委员会开发的象形图为 81 个(没有具体分类),国际药学联合为 99 个(分为剂型、用法、用药次数、注意事项、副作用 5 种),日本 RAD-AR 协会为 51 个(分为剂型、用法、注意事项、禁忌事项、副作用 5 种),韩国药学信息院为 109 种(分为剂型、用法、注意事项、禁忌事项、副作用、与食物的相互作用、保管方法 7 种)。在所有药学机构共同含有的剂型(6 个)、用法(5 个)、注意事项(3 个)、禁忌事项(2 个)、副作用(2 个)、与食物的相互作用(1 个) 6 种象形图中,每个药学机构各选取 1 个,共 24 个象形图,以这 24 个象形图为分析对象。

根据象形图模块化设计要素(形态、色彩、位置、排版、大小、文字)对各药学机构的 24 个象形图的分析如表 3-15 至表 3-20 所示。

表 3-15　服药指导象形图——剂型(吃药)

机构	象形图	设计要素					
		形态	色彩	位置	排版	大小	文字
美国药典委员会		线的方式表现	黑白	固定位置	左右排列	大小不一	无
国际药学联合		线面结合	黑白	固定位置	左右排列	大小不一	无
日本 RAD-AR 协会		面的方式表现	蓝色	固定位置	左右排列	大小不一	无
韩国药学信息院		线面结合	黑白	固定位置	左右排列	大小不一	无

表 3-16 服药指导象形图——用法（睡前服药）

机构	象形图	设计要素					
		形态	色彩	位置	排版	大小	文字
美国药典委员会		线面结合	黑白	固定位置	上下组合排列	大小不一	无
国际药学联合		线面结合	黑白	固定位置	上下排列	大小不一	无
日本RAD-AR协会		线面结合	蓝色	固定位置	上下组合排列	大小不一	有
韩国药学信息院		线面结合	黑白	固定位置	横向排列	大小不一	有

表 3-17 服药指导象形图——注意事项（冷藏保管）

机构	象形图	设计要素					
		形态	色彩	位置	排版	大小	文字
美国药典委员会		线的方式表现	黑白	固定位置	上下组合排列	大小不一	无
国际药学联合		线的方式表现	黑白	固定位置	左右组合排列	大小不一	无
日本RAD-AR协会		线面结合	蓝色	固定位置	横向组合排列	大小不一	无
韩国药学信息院		线的方式表现	黑白	固定位置	居中排列	大小不一	无

表 3-18　服药指导象形图——禁忌事项（禁止驾驶）

机构	象形图	设计要素					
		形态	色彩	位置	排版	大小	文字
美国药典委员会		线面结合	黑白	固定位置	上下组合、重叠排列	大小不一	无
国际药学联合		线的方式表现	黑白	固定位置	重叠排列	大小不一	无
日本RAD-AR协会		面的方式表现	红色/黑色	固定位置	重叠排列	大小不一	无
韩国药学信息院		面的方式表现	黑白	固定位置	重叠排列	大小不一	无

表 3-19　服药指导象形图——副作用（容易犯困）

机构	象形图	设计要素					
		形态	色彩	位置	排版	大小	文字
美国药典委员会		线的方式表现	黑白	固定位置	上下组合排列	大小不一	无
国际药学联合		线的方式表现	黑白	固定位置	三角结构	大小不一	无
日本RAD-AR协会		面的方式表现	黄色/黑色	固定位置	重叠排列	大小不一	无
韩国药学信息院		线的方式表现	黑白	固定位置	不规则排列	大小不一	无

表 3-20　服药指导象形图——与食物的相互作用（禁止饮酒）

机构	象形图	设计要素					
		形态	色彩	位置	排版	大小	文字
美国药典委员会		线的方式表现	黑白	固定位置	上下组合排列	大小不一	无
国际药学联合		线的方式表现	黑白	固定位置	重叠排列	大小不一	有
日本RAD-AR协会		面的方式表现	红色/黑色	固定位置	重叠排列	大小不一	有
韩国药学信息院		线面结合	黑白	固定位置	不规则排列	大小不一	无

　　通过各药学机构的服药指导象形图分析表，我们可以找出象形图视觉化设计要素的共同点和差异点。

　　共同点：形态上，各药学机构的服药指导象形图均有线和面的表现方式的结合使用；位置上，各药学机构的服药指导象形图均固定在一定的位置；大小上，各图形要素的大小并不相同，可根据所需传递的信息变化。另外，图形符号要素层面上，与剂型相关的象形图中均使用张开的嘴巴的侧面形象。与注意事项（冷藏保管）相关的象形图均使用冰箱的形象。禁忌事项（禁止驾驶）相关的象形图中均使用民用轿车的形象。与食物的相互作用（禁止饮酒）相关的象形图中均使用酒瓶或啤酒杯等与酒关联的形象。

　　差异点：美国、日本、FIP 的象形图的边框使用了正方形、长方形、三角形、菱形等多种形态，统一性相对较弱，而韩国的象形图仅使用了正方形，统一性更强。在颜色层面上，日本的象形图使用了安全色。而其他的机构的象形图在明暗度上虽然有所变化，但是都仅使用了黑白色。在排版上，左右排列、上下排列、三角形构造、非对称、重叠等多种排列方式在用法、注意事项、禁止事项、副作用、与食物的相互作用等象形图的排版中均有不同的应用。例如，虽然在注意事项（冷藏保管）相关的象形图中均有冰箱、温度计、药品这三个图片要素,但是各机构对于上下排列、左右排列、横向排列、组合排列等方式的使用不尽相同。文字层面上,用法(睡前服用)和与食物的相互作用(禁止饮酒)中有使用文字。日本的象形图的中使用了日文,韩国和 FIP 的象形图中使用了英文。

各药学机构的服药指导象形图在视觉表现上,由于各个国家不同的视觉文化认知,对于视觉要素的表现也有差异。例如,与食物的相互作用(禁止饮酒)相关象形图中,日本的象形图将药和啤酒杯进行组合,并添加红色禁止符号来表现该药物不能和啤酒一起服用。韩国的象形图中也使用了啤酒杯和禁止符号的组合。而美国的象形图使用了药物的符号图形和加上禁止符号的高脚杯的图形符号,FIP 的象形图中使用标记有 ALCOHOL 的酒瓶,并添加了禁止符号。这种视觉要素表现上的差异我们可以认为是文化认知的差异引起的。所以在开发服药指导象形的视觉形态时应该先考虑中国人的视觉认知习惯,将中国人的信息阅读方式进行信息导图绘制(Mapping),参考视觉认知的特点和信息导图绘制,将其应用于服药指导象形图视觉形态的设计之中。

三、中国药学调查

(一)中国药学背景和分类

为了开发中国服药指导象形图,本书研究了中国医药品市场现状、相关法规、医药品包装等内容。此外,也对医药品的类型和包装进行了了解,通过调查了解到使用者们最常用的药品为治疗普通疾病和慢性疾病的药物。根据国际惯例,药品可以分为处方药品和普通药品。但是,在日常生活当中,人们一般根据疾病的类型将药物分为普通药品、慢性疾病药品、急性疾病药品。治疗普通疾病和慢性疾病的药品均有使用度较高,药品的种类多样,药品使用规定严格等特点,所以,对于医药品信息的传达效果有着较高的要求。

当前医药品市场中,一般根据医药品剂型的类型,将医药品的包装分为 4 种:固体剂型、液体剂型、膏状剂型、烟雾状剂型。其中普通药品的包装分类如表 3-21 所示。

表 3-21　普通药品的包装分类

类型		内容	类型	内容
固体剂型	片剂	将粉末状的药品压缩后使用箔纸单个包装	液体剂型	液体性质,一般使用于饮用制剂,包装于瓶或袋子中
	胶囊	将液态或粉末状药物放入胶囊中,使用箔纸单个包装	膏状剂型	具有黏性的液体性质,包装于管状容器内
	粉末	主要以粉末的形态包装于涂膜纸内	烟雾状剂型	包装于可容纳烟或雾的内压型容器

　　在了解了各种医药品的包装的材质、规格、医药品的制药和注意事项后,结合消费者的药品服药指导设计使用经验和需要改善的地方,将服药指导象形的设计进行归类分析。

　　通过对使用者的医药品包装盒说明书的使用情况做深度了解,我们可以得到中国关于药品包装的使用经验和改善要求。调查的结果和药品信息传递的问题点整理如表 3-22 所示。

表 3-22　中国药品信息传达的问题点

问题点	调查结果
信息内容层面	· 专业术语过多 · 类似副作用这样的使用者比较关心的信息未标注
信息等级层面	· 视觉要素不规范,信息识别度不高 · 视觉引导性不足
包装设计层面	· 图形的使用与包装设计不协调,仅作为视觉装饰使用
颜色使用层面	· 色彩辨识度不高 · 视觉特点与心理认知不协调

针对以上问题,在药品包装或说明书上使用服药指导象形图来向使用者传递服药指导信息。当前,中国药店在出售药品时,一般没有配备配药的设备和服务,药品按照出厂包装原样销售。而在出售中药时,药店一般会提前配好,让患者自行在家煎服,或是药店提供煎制服务,并将煎制好的中药进行包装,让患者在家加热后服用。服药方法和保存方法等服药指导一般为口头告知。

(二)中国服药指导象形图信息要求

药品使用者通过视觉感知从药品包装上直接获取信息。药品是特殊商品,与人们的生命、健康、安全密切相关,药品包装上的信息设计应该尽量了解并满足使用者对信息的视觉要求。服药指导象形图的开发可以帮助对药品包装上的文字的识别,服药指导象形图传达的视觉信息在药品的销售和使用中具有重要的作用。服药指导象形图是患者获得药品信息的重要通道,作为患者在信息处理的一环,象形图识别参与在视觉思考的过程之中。信息的视觉转换可以优化信息阅读,提高信息的传达效率,从根本上满足中国使用者的图形信息的阅读要求。所以,中国服药指导象形图应该满足以下信息要求。

1.服药指导信息的内容

药品包装上的文字性内容是信息输出的重要手段之一。不仅如此,其还有传递信息、促进销售、提供服药指导等重要作用。另外,由于医药品是特殊产品,在药品包装上必须有详细的,包括国家相关法规的内容。但是,使用者对于药品包装上的信息,往往第一眼就想了解的是与自身服药相关的信息,如果药品包装上的必要信息内容繁多,会让使用者无法抓住重点。所以服药指导象形图设计工作的第一步就是确定设计中需要包含的内容,即通过文字信息的收集和整理做设计的准备工作。在准备阶段应该确认国家相关法规指定信息的内容,通过调查了解在药品包装上受众关心的信息内容。

(1)国家相关法规规定的信息要素

根据国家相关法规要求,药品包装上应该具备以下信息要素:标题、品牌、产品名、生产者。第一,标题要素可表现企业名称、品牌、品牌意义、产品的形态、产品的属性、企业理念等主题内容。第二,品牌要素是对企业标识的补充,具有产品标记的功能,通过品牌要素能够提高使用者对产品的记忆,帮助产品流通。第三,产品要素包括名称、形态、材料、功能、用法、规格、类型、容量、批号、标准序列号、保质期、生产日期、条形码、等级、特点等与产品属性相关的内容。第四,生产者要素为与制药企业的背景相关的内容。例如,企业名称、地址、电话号码、邮编、网址等。另外,在设计药品的包装时不能遗漏依据相关法规指定的通用标识。例如,注册商标、OTC、特殊药品(毒性、感觉麻痹、放射性、精神疾病相关药品),应该有使用后回收或销毁的标识等。也不能混淆食品、健康保健食品与药品的标识。

(2)药品使用者关心的信息要素

人们通过视觉感知来获得信息的方式有两种。第一种为从下而上的方式(归纳法),即在寻找信息时,会先将所有信息转换为图形的形式来形成视觉目标的方式。第二种为从上向下的方式(演绎法),即以关心的内容为中心来寻找目标信息的方式。[1] 在药品包装上寻找信息时,人们一般会按照从自己的目标开始寻找信息,即从上向下的寻找方式。其中,关心程度超过50%的信息要素有适用症、用法和用量、注意事项(副作用、禁忌事项)、保质期(生产日期)、适用对象等。所以大部分人在购买或使用药品时,需要的信息主要可以分为五种。

图3-21为药品使用者关心的信息要素。

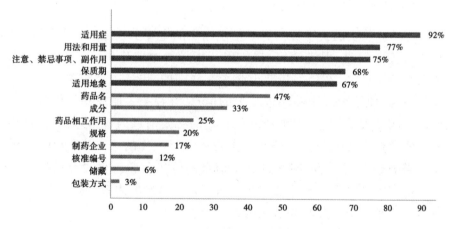

图3-21 药品使用者关心的信息要素

(3)制作信息等级体系

视觉检索过程中,大脑会根据信息的等级来引导视觉检索,所以为

---

[1] Colin Ware,陈嫒嫄 译,《设计中的视觉思维》北京:机械工业出版社,2009

了让患者更加准确地获得和分析药品信息,应该先整理药品的原始信息,从包装上开始制作等级分明的信息体系。

表 3-23　药品信息体系

信息等级	药品信息内容
一级信息	适用症、用法和用量、注意事项(副作用、禁忌事项)、保质期(生产日期)、适用对象
二级信息	药品名、成分、形态和性质、规格、储藏、制药企业、核准编号、批号
三级信息	药品相互作用、药理作用、作用类型、执行标准、说明书修订日期等

按照药品使用者的关系事项和药品功能,包装上的信息应该如表3-23所示分成三个等级。一等级信息为使用者最为关心的内容,引起使用者的注意和服药指导是一等级信息的主要功能,所以应该在药品包装上明显的标示出来。二等级信息为对一等级信息的补充性内容,所以应该在包装上标示出国家相关法规规定的内容。其次,还应该囊括能帮助使用者了解药品、促进购买行为的内容。三等级信息一般为对说明书中出现的全部信息的补充和规范化,主要包括国家相关法规规定的必须存在的内容。[①]

总的来说,使用信息等级整理的方法可以制作出鲜明的等级体系,使主要信息能够得到注意,也可以让次要信息作为补充出现。像这样逻辑性地将信息内容进行明确区分,制造信息等级间有机连接的关系,可以在后面的步骤,即在视觉编码中提供指导设计的根据。通过信息设计,可以重新组合信息,准确的在药品包装上通过象形图表现出文字信息。这样使用者可以按照自己对信息的关心程度,在短时间内找到目标信息,并更加清楚地理解药品功能。

2. 中国服药指导信息内容设定

根据对医药品包装上的信息体系的调查,1级信息有适用症、用法用量、注意事项(禁忌事项)、保质期、适用对象等。其中作为服药指导信息的有适用症、用法用量、注意事项(禁忌事项)、适用对象。但是由于病症的多样性和复杂性,无法全部通过象形图表现出来,所以设计中需要除去与适应症相关的内容,即中国服药指导象形图的信息内容的框架可以设定为用法用量、注意事项、禁忌事项、适用对象。

---

① 黄月，药品包装的信息可视化设计方法研究，西南交通大学硕士论文，2018.

为了设定中国服药指导象形图的信息内容框架中的具体内容,本书通过中国药学背景研究做了详细的统计。其中,对患者来说适用程度较高,易遗漏和混淆的信息做颜色加深处理。根据统计,中国服药指导象形图的具体信息内容整理如表3-24所示。

表3-24　服药指导象形图的具体信息内容

用法用量	注意事项	禁忌事项	适用对象
间隔一定的时间服用	**服药时应充分饮水**	请勿弄碎	哺乳期妇女禁用
早晨服用	大便或小便的颜色会变色	请勿食用	**女性请勿服用**
晚上服用	**请避光保存**	请隔绝紫外线	**孕妇、哺乳期妇女禁用**
请睡前服用	**请冷藏保存（2~10℃）**	请勿献血	怀孕、计划怀孕中请勿服用
请起床后服用	**驾驶车辆或操作危险机器时请注意**	服用后请勿躺卧	**男性请勿服用**
1日2次（早晨、晚上）	请按时服用	**请勿和其他药物一起服用**	女性及儿童请勿接触
1日3次（早晨、中午、晚上）	**仔细阅读使用说明**	**禁止吸烟**	女性请勿接触
请饭后立即服用	请勿摇晃	**禁止饮酒**	孕妇请勿接触
饭前30分钟服用	涂抹前后请洗手	**禁止食用乳制品**	
饭后1~2小时后服用	请勿佩戴隐形眼镜	请勿触摸	
请空腹服用	接触容器口	请避孕	
饭中服用	孕妇、哺乳期妇女服用前请咨询医生	**请勿饮茶**	
饭前服用	请定期验血	**忌生冷、辛辣食物**	
饭后服用	出现肌肉疼痛时请及时就医		
1日4次（早晨、中午、下午、傍晚）	请按压鼻泪管		
1月1次	吸入后请漱口		
1周1次	服药次数增加时请及时咨询医生		

　　根据以上统计结果,中国服药指导象形图的主要元素可以分为以下五种,具体对信息内容的细分如下。

　　时间:早晨、中午、下午、傍晚、饮食。

　　用量:1 粒、2 粒、3 粒······

　　适用对象:孕妇、女性、男性、老人。

　　注意事项或禁忌事项:吸烟、饮酒、辛辣食物、生冷食物、乳制品、驾驶、避光保存、水(饮用水)、冷藏贮存、茶、说明书、机器、船。

　　符号:禁止标志、注意标志。

　　主要元素可以重复使用,也可以通过组合或解构的方式获得其他语义。通过空间坐标轴的思考方式我们可以将相对重要的要素进行组合和分解来构成服药指导信息。图 3-22 为使用空间坐标轴将服药指导象形图的要素以点的形式表现的示例。图 3-22 中使用空间坐标轴标示的要素有时间、用法、符号、适用对象、注意 / 禁忌事项等。X 轴上为时间、用量、符号,Y 轴上为注意事项和禁忌事项相关的内容,Z 轴上为适用对象。通过这个方法我们可以知道药物和时间的可能组合结果,药品用量和时间的组合可能性等内容。另外,通过空间坐标轴我们还能标示出禁忌事项具体包含哪些内容,这些内容和符号的组合可以产生的语义。

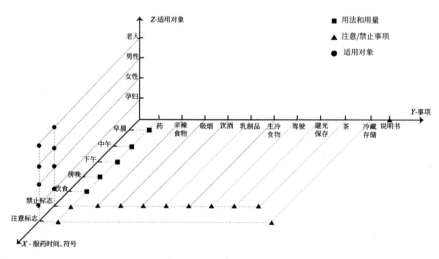

图 3-22　服药指导象形图的要素图

四、中国服药指导象形图设计

通过前面的背景研究和事例分析,我们了解了象形图的模块化规则、模块化的表现方法、中国人的视觉思维特点,也做出了中国服药指导象形图系统视觉表现方法的设计。

首先,中国人视觉表现方法的主要步骤由概念形成、元素提取、组织表现组成。其次,在各阶段中分别应用中国人的视觉认知特点——整体性思维、意象性思维、均衡性思维,模块化表现方法——制图式模块化和核心元素模块化中——以形为主的模块化系统、以意义为主的模块化系统、以句式为主的模块化系统,以及信息导图绘制(Mapping)的方法。最后,根据象形图的模块化规则并参考设计原理和设计标准导出最终结果。具体流程如图 3-23 所示。

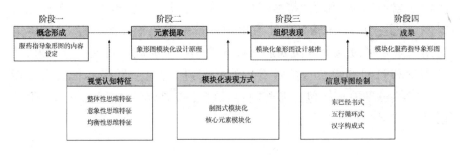

图 3-23   视觉表现方法的步骤

(一)图形要素的视觉化设定

根据前面所述中国服药指导象形图的内容,在对各表现要素进行视觉化之前需要先设定各要素的象征元素。本书在调查中国人对于各表现要素的认知情况的基础上,对各表现要素的象征元素进行了设定和视觉化。

表现要素的划分,可以分为抽象性要素和具象性要素,抽象要素包括——早晨、中午、下午、晚上、饮食、饮酒、乳制品、驾驶、紫外线、水(饮用水)、冷藏、吸烟、使用方法等,具象性要素包括孕妇、女性、男性、老人等人体相关的内容。另外,药品形态的处理上,可以对其去象征元素化和简化设计。抽象性要素的象征元素较多,需要事先验证中国人对这些象征元素的认知情况和作用原理。

在对服药指导象形图进行模块化设计时,首先需要确定其主要构成要素,并按照视觉表现方法进行象征元素设定。首先,收集并导出了4个药学机构的服药指导象形图中使用的核心要素。另外通过比较相同的服药事项,找到各药学机构服药指导象形图中共同存在的象征元素,明确象形图设计的核心要素。以此为依据,选取可以应用在中国服药指导象形图中的图形要素的象征元素。对于中国服药指导中特有的内容,则可以通过对中国人日常生活和历史文化的分析来导出。表3-25为各药学机构的服药指导象形图核心要素的共同象征元素。

表3-25 服药指导象形图核心要素的共同象征元素

机构	核心要素									
	早晨	中午	晚上	进食	就寝	起床	幼儿	孕妇	男性	女性
美国药典委员会									–	–
国际药学联合					–					
日本RAD-AR协会								–	–	–
韩国药学信息院						–				
共同象征元素	太阳、地平线	太阳、光线	月、星	餐具	床	床	幼儿	孕妇	男性	女性
	吸烟	饮酒	乳制品	驾驶	水	看说明	冷藏	胶囊	药片	口服液
美国药典委员会	—									

续表

	吸烟	饮酒	乳制品	驾驶	水	看说明	冷藏	胶囊	药片	口服液
国际药学联合	—		—			—				
日本RAD-AR协会	—									
韩国药学信息院										
共同象征元素	烟	酒杯	牛奶盒	汽车	水杯	说明书	冰箱	胶囊	药片	口服液

　　我们根据模块化象形图设计的视觉化标准对中国服药指导象形图的各要素进行了视觉化处理。为了各要素的形式上的统一性,进行了绘图模块化处理。即使用绘图模块化设计手法的模块生成方法来表现和设计服药指导事项。图形符号中使用的线条在绘图模板中最少需要是2 mm 以上的厚度。不过,为了准确的表现设计对象而必须使用更细的线条的情况除外。在这种情况下,线条的最细可以到 0.5 mm,在考虑到人的视力的分辨能力,线条之间的间距最短需要在 1 mm 以上。

　　核心元素视觉化的过程如表 3-26 所示。其他核心元素视觉化示例如附录 1 所示。

表 3-26　核心元素视觉化示例

早晨
定义:通常是指从天亮到上午 8 ~ 9 点的短暂时间,古代中国一天分为 12 时辰,1 个时辰是现在的 2 个小时,辰时是现在的上午 7 点 ~ 9 点。早晨从天亮开始充满生机,充满活力。中国有句俗语为"一天之计在于晨"。 表现要素:太阳、地平线 设计意图:太阳是表现时间最直接的表现方式,在太阳从地平线升起时阳光很强。 蕴意:生机、有活力

续表

实物	标准制图	无背景	有背景

最终中国服药指导图标核心元素的视觉呈现方式如表3-27所示。

表 3-27 核心元素图标绘制

时间				
早晨	中午	下午	晚上	进食

使用对象			
男性	女性	孕妇	老人

注意、禁止事项						
吸烟	饮酒	乳制品	生冷食品	茶	辛辣食品	冷藏
说明书	机械	汽车	船	避光保存		

药品形态				
胶囊	药片	丸药	冲剂	口服液

续表

用法

口服　　温水服药　　热水服药　　开水冲服

（二）模块化服药指导象形图提案

在了解中国药品包装和说明书上信息等级的基础上，本书在这一部分讨论了最适合中国药品包装和说明书的模块化象形图系统。根据国家统计局 2018 年《中国医药报告》的统计，中国每年处方药和非处方药的销售分别占据整体药品零售的 43% 和 45%，非处方药和健康保健食品销售中，虽然中药制剂占 55%，但是增长速度较慢（仅为每年的 1.2%），而西药在处方药零售市场中占据的比重为 74%，以平均每年8.1% 的速度增长。

非处方药和健康保健食品的销售中又以感冒药占据最大比重，其市场占比到了 26.1%。其次为维生素、无机物营养补充食品。再次为止痛药。感冒是比较常见的疾病的一种，尤其在换季时期经常流行。所以感冒药一般是大众的常备药。根据以上数据，本书选取感冒药作为服药指导象形图的设计对象，根据感冒药的成分不同，可以分为化学药品和中药制剂，化学药品一般是胶囊和药片的形态，中药制剂则一般为粉末状形态。

本书根据中国 2018 年感冒药销售统计结果（中国非处方药协会），分别选取销售量 1~5 位的化学药和中药制剂作为服药指导象形图设计的对象。根据前文中对 1 级信息的设定，本书选取了感冒药的用法用量、注意事项、禁忌事项和使用对象这四种信息作为最终设计对象，虽然药品的类别相同，各药品的注意事项、禁忌事项和服用对象等内容也大致相同，但是由于药品的状态、成分的差异，用法用量上可能存在较大差异。

（1）用法。用法大致可以分为口服和热水冲服两种方法。一般，在服用内服药物时，如果不饮水就吞咽药物的话容易损伤食道，也容易在体内形成结石，所以在服药的同时应该充分饮水，对于内服药的情况，应该同时强调饮水。所以在用法相关的图标中代表盛水的杯子的图标是必需的,另外某些药物需要用开水冲泡后服用,所以水温也是服药相关的比较重要的要素,图3-24为盛水的杯子的图标。

图3-24　盛水的杯子的图标

（2）用量。根据药品的形态(胶囊、袋装)和用量的可以具体划分(表3-28)。

表3-28　根据药品的形态(胶囊、袋装)和用量的具体划分表

形态	1次1粒	1次2粒	1次4粒	1次1包	1次两包
⊂⊃	⊂⊃	⊂⊃	⊂⊃⊂⊃	–	–
⊖	⊖	⊖⊖	⊖⊖⊖⊖	–	–
▢	–	–	–	▢	▢▢

（3）时间。不同的药品的服药时间也不尽相同(表3-29)。

表3-29　不同的药品的服药时间表

次数	内容	时间	核心要素
1天2次	每次隔12小时服药	早晨、晚上	☼ ☽
1天3次	每次隔8小时服药	早晨、中午、晚上	☼ ☀ ☽
1天4次	每次隔6小时服药	早晨、中午、下午、晚上	☼ ☀ ☼ ☽

（4）注意／禁忌事项。服药指导象形图关乎人体健康安全,所以可以按照安全标志国际标准安全色和安全标志轮廓所表示的禁止、指示、注意、安全来划分象形图的功能,具体安全色和形态的语义和使用方法如表3-30所示。

表 3-30　安全色和形态的语义和使用方法

注意 / 禁忌事项	内容	符号要素
请勿和其他药物一起服用	服用相同种类的药品或和其他药品一起服用的话，可能会引起副作用，所以请勿和其他药物一起服用，为了与其他药物进行区分，使用禁止和其他形态的药品组合的标志	
请勿吸烟、饮酒或食用辛辣食物、生冷食物	中药制剂中一半以上存在饮食禁忌或与食物的相互作用，所以必须要有与饮食禁忌相关的注意事项	
请避光保存	避光主要是指避免阳光直射，因为阳光容易让药品变质	
请勿驾驶车辆、船舶或操纵危险机械	因为感冒药会引起嗜睡，所以在服用感冒药后应该避免驾驶车辆、船舶、机械或高空作业、机械作业以及机械精密作业等	
孕妇请勿服用	药物成分可能对婴儿的发育造成影响，所以部分药品孕妇禁止服用	

　　使用在当前社会已经通用的色码——安全标示中使用的禁止、警告、引导等的安全色和轮廓形态，可以有效地防止人们对于象形图语义的曲解，将象形图按照功能归类，也可以达到快速传递信息的目的。

　　根据中国药学现状分析中的药品信息内容等级，以用法 / 用量、注意 / 禁忌事项、适用对象作符号要素进行模块化设计。

　　根据模块化服药指导象形图的视觉表现方法进行要素筛选，使用符号要素模块化表现方法，对组织表现的信息导图绘制后进行设计，以前面的服药指导信息的主要要素为基础，对模块与模块的结合方式进行体系化，就能做到对模块进行有效、适当的分解、组合。所以使用符号要素模块化系统，即可完成组合和排列的变化。另外，通过模块化系统，也可以赋予象形图新的形态，这样也能提高服药指导的准确度，减少引起混乱的因素。

通过组合方式的标准化,服药指导象形图的分解、组合将变得更简单,在对服药指导象形图的分解和组合过程做出以上假定的前提下,结合对中国人的信息导图绘制,可将中国服药指导象形图的设计分成以下三个方向。以下为参照符号要素模块化系统的设计标准模块化的服药指导象形图模型。

1. 方向1——以形为主的模块化系统方案

（1）视觉表现方法

服药指导象形图中,以形为主的模块化系统方案为以中国人的视觉思维中的均衡性思维为中心,借用五行循环图的信息导图绘制而设计的模块化象形图。图3-25为方向1的视觉表现方法。

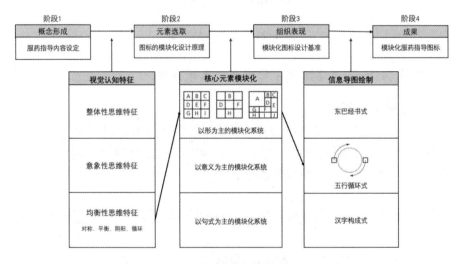

图3-25 方向1的视觉表现方法

（2）视觉表现方式

本书根据前文中提出的视觉表现方法的使用规则,在找到模块化服药指导象形图中具有对称、平衡、循环特点的服药指导的内容后,提出了应用了以形为主的模块化系统中的个体性、不可替代性、含义单一性、并列排列形式等特点的符号要素设计方案。

图3-26为时间信息的均衡化演变示例。将用法、用量等核心元素运用顺时针循环的方式进行组合形成的象形图如图3-27所示。

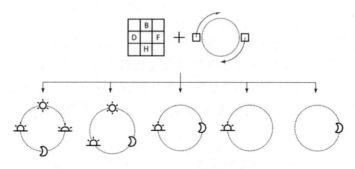

图 3-26　时间信息的均衡化

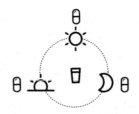

图 3-27　方向 1 的提案

2. 方向 2——以意义为主的模块化系统方案

（1）视觉表现方法

　　服药指导象形中以句式为主的模块化系统方案是以中国人的视觉思维中的整体性思维为中心，结合汉字构成法的信息导图绘制设计出来的。图 3-28 为方向 2 的视觉表现方法。

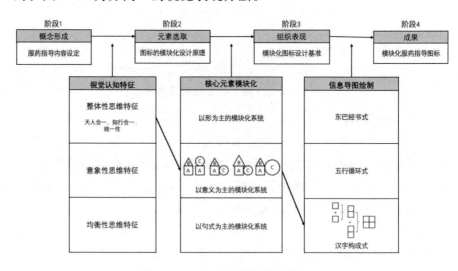

图 3-28　方向 2 的视觉表现方法

（2）视觉表现方式

根据前文中提到的视觉表现方法的应用规则，模块化服药指导象形图应该具有统一性。应用并列排列、再组合性、可替代性等特点给出设计方案。图3-29为次数、用量同一化示例，将时间、用法、用量等核心元素通过汉字构成法的方式将服药内容的进行整体性表现。图3-30为方向2的提案。

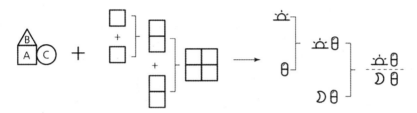

图3-29　次数、用量统一化

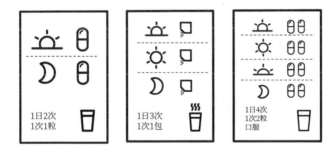

图3-30　方向2的提案

3. 方向3——以句式为主的模块化系统方案

（1）视觉表现方法。服药指导象形中以句式为主的模块化系统方案是以中国人的视觉思维中的意象性视觉思维为中心，结合东巴经书的信息导图绘制而设计的。图3-31为方向3的视觉表现方法。

（2）视觉表现方式。根据前面提到的视觉表现方法的应用规则，模块化服药指导象形图应该像具有叙事功能的故事一样进行表现。所以，可以应用可替代性、连续性等特点给出设计。图3-32为服药信息的叙事性表现。将时间、用法、用量等核心元素通过东巴金书式排版，将服药信息的叙事性表现出来，图3-33为方向3的提案。

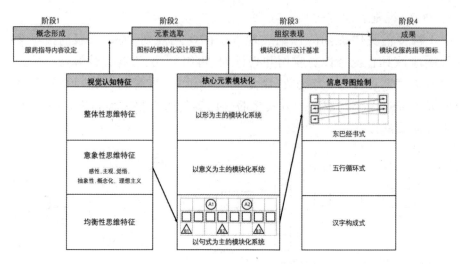

图 3-31 方向 3 的视觉表现方法

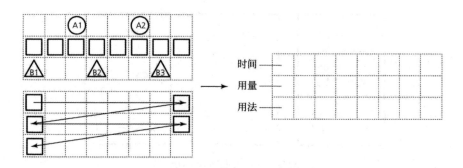

图 3-32 服药信息的叙事性表现

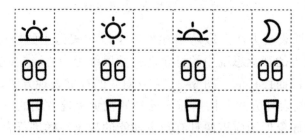

图 3-33 方向 3 的提案

　　在注意事项和禁忌事项中应用注意标志和禁止标志等安全标志可以使其得到最直观的表现。但是注意／禁忌事项的内容增多后,信息的读解就会变得困难。这种情况下,应该对注意事项和禁忌事项进行分类,按照模块化的方式进行表现最有效。由于不同药物的注意事项和禁忌事项的数量不同,使用一般的表现形式很难系统的表现出来,而应用以句式为主的模块化系统中的连续性的特点和东巴经书的形式,可以完全表现出想要表现的内容。具体表现方式如图 3-34 所示。

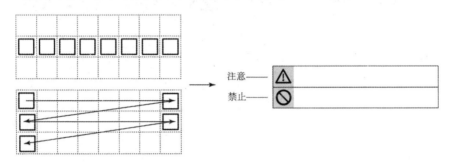

图 3-34　注意、禁止事项的模块化表现

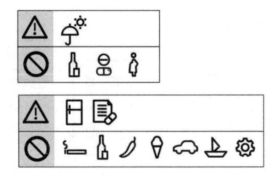

图 3-35　注意／禁止事项提案

　　以上三种提案方法运用到感冒药的服药指导图标中,分别以西药的胶囊和中药冲剂的服药内容作为应用实例,如表 3-31 和表 3-32 所示。中国服药指导图标各核心元素模块化可以参考附录 2。

表 3-31　西药的服药指导象形图的模块化表现方式

1-1	用法 / 用量 / 次数			注意 / 禁止事项			适用对象
复方氨酚烷胺胶囊	口服	1次1粒	1日2次	避光保存	禁止饮酒	不要和其他药一起吃	孕妇不要吃

| 元素空间坐标轴 | |

模块化方式	以形为主的模块化系统	以意义为主的模块化系统	以句式为主的模块化系统

| | 注意 / 禁止事项的模块化方式 | |

表 3-32　　中药冲剂的服药指导象形图的模块化表现方式

1-2	用法 / 用量 / 次数			注意 / 禁止事项			适用对象
感冒灵颗粒	开水冲服	1 次 1 袋	1 日 3 次	避光保存	禁止吸烟、饮酒、生冷、辛辣食物	驾驶车辆或操作危险机器时请注意	孕妇不要吃
元素空间坐标轴							
模块化方式	以形为主的模块化系统		以意义为主的模块化系统		以句式为主的模块化系统		
	注意 / 禁止事项的模块化方式						

　　不同药品的服药方法或药品包装各不相同,包装的大小也不一样。所以在设计时应该充分考虑实际药品的情况,按照需要传达的信息量,判断服药指导象形图系统的大小。同时,在符号要素的组合表达语义的情况下,组合的数量越少越好。

以表 3-33 至表 3-35 为模块化服药指导象形图在感冒药包装上的使用事例。

表 3-33　以形为主的模块化服药象形图案例

	提案	内容
以形为主的模块化系统		1 天 3 次、1 次 1 袋、开水冲服
应用案例		

表 3-34　以意义为主的模块化服药象形图案例

	提案	内容
以意义为主的模块化系统		1 天 2 次、1 次 1 颗、饮水冲服
注意/禁止事项		注意事项：避光保存 禁止事项：禁止饮酒、和其他药物一起吃、孕妇禁用
应用案例		

表 3-35　以句式为主的模块化服药象形图案例

	提案	内容
以句式为主的模块化系统		1 天 3 次、1 次 2 颗、饮水冲服
应用案例		

第四章
信息可视化应用研究

　　随着社会发展,计算机和各种技术的开发顺势登上历史舞台并逐步推广、普及,人们的视线也从以文字居多的书面形式的信息转向了各式各样的、日趋生动的信息设计中。信息呈现出多种的表现形态,有平面的、立体的、静态的、动态的、空间的等,它们被应用在平面设计、商业广告、电影片头片尾设计、交互页面等诸多方面。信息可视化设计在各行业的运用和普及已经构成了当代人的接受习惯。

第一节 二维信息可视化

二维信息可视化设计侧重于信息图表设计,具有较强的实践性和应用性。信息图表设计不仅是信息可视化设计的核心内容,而且也是图形动画设计与交互信息设计的基础。信息图表设计就是通过图表中的视觉元素的次序、构图和叙事方式,向观众清晰地讲述一个故事或传达一种意义。设计内容包括单一图表形式,如柱状图、折线图、饼图、散点图、雷达图等的不同表现形式,以及多种图表形式的综合表现技法等方面的内容。作为面向大众的信息媒体,这种新图表在内容编排、视觉形式、风格、色彩等方面与传统的统计图表走上了不同的发展道路。

一、信息图表设计元素

信息图表设计的核心就是通过图表中的视觉元素的次序、构图和叙事方式,来向观众清晰地讲述一个故事或传达一种意义。因此,任何项目应该从分析图表所要传达的主题开始。设计师首先分析图表故事的主要内容,然后将其分解成不失深度,但通俗易懂的视觉语言。[①]

信息图表的设计元素中,数据是最重要的内容,同时信息可视化和对数据的解读是设计师面临的最大挑战。塔夫特教授希望设计师用更少的内容表达更多的信息,并认为这才是优秀的可视化设计。但事实上,视觉元素对于用户解读数据信息有着至关重要的作用。虽然现在有各种各样令人眼花缭乱的大数据可视化软件或数据分析平台,但这些制造商仅仅是把数据扔给了读者或用户,而没有考虑如何展示出连贯的故事。这些交互式软件工具包含了大量的泡泡图、桑基图(Sankey

---

[①] 李四达.高等学校数字媒体专业规划教材 信息可视化设计概论 [M].北京:清华大学出版社,2021.

Diagram）、曲线图和柱形图，它们期望读者自己发现信息并通过数据得出结论，但问题是并非所有读者都善于数据分析。因此，信息设计师的工作是无法用机器替代的。好的设计师不仅展示数据，同时也解释关键信息，让读者关注数据或信息图表中最有趣的部分。

二、信息图表设计原则

信息图表的本质在于对复杂信息的提取、重构和可视化。因此，信息图表与信息可视化的概念经常会被混淆。一些专家和学者对这两个概念提出了明确的界限。他们认为，信息图表通过统计图表、地图和示意图来表达信息，而信息可视化则是提供可视化工具（软件），让用户利用这些工具（软件）自己挖掘和分析数据集并得到结论。也就是说，信息图表更偏向由设计师来讲述故事，而信息可视化则是用户利用工具（软件）来发现故事或分析出因果关系。事实上，这二者是相互联系、不可分割的统一体。认知心理学认为，人类从事分析和进行综合的大脑左右半球都是协同工作的，左脑偏重分析而右脑则通过色彩、形象与情感的联系来加深左脑对图表的理解。

对于用户来说，不同领域的用户对图表的认知程度是不一样的。美国迈阿密大学传播学院教授阿尔贝托·开罗在其著作《不只是美，信息图表设计原理与经典案例》中提供了一个类似雷达图的风格模型（图4-1），可以用来阐明不同读者对于媒体／科技／商业信息图表风格的偏爱。该模型类似一个轮盘，其中的12条等分线代表信息可视化风格。其中成对的词汇是相互矛盾的，如多维／一维、致密／稀疏、简洁／冗余、抽象／具象、通用／创新、实用／修饰。信息设计师需要针对不同的读者或用户，平衡这些设计风格或特性。该模型可以帮助设计师针对不同的读者类型选择所需要参考的图表风格。

《信息图表设计入门》的作者樱田润认为，为了使信息更有效地进行传播，视觉要素才是优秀信息图表的先决条件。读者的第一印象和视觉冲击力往往决定他对内容的兴趣。有价值的信息会让人产生多次阅读的欲望，会引导受众思考充分利用此信息的方法。因此，樱田润总结出优秀信息图表的五个条件：①设计师应该使用有意义的视觉要素；②图表应该简洁、有亲和力、易于理解；③有冲击力、能够引人注目；④内容有价值,读者或用户想要作为资料保存;⑤信息图表可以激发受众的灵感。

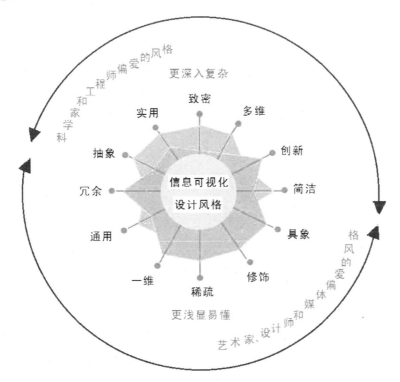

图 4-1　信息可视化设计风格导向雷达图

三、信息图表的类型

　　信息图表分为多种形式,总体划分可以分为具象和抽象两大类:

　　具象的图形表达方式更适合面对大众使用,具有普遍性,包括插画地图、技术插图、说明书、科普读物或基于社交媒体传播的图形等。企业的商业推广或宣传多数采用饼图、条状图、线形图或思维导图(树状图)式的信息图表。专业和学术领域更关注更深层次的问题,因此对于散点图、流程图、柱形图、曲线图等更为青睐。对于信息设计的表达来说,用抽象的符号语言可以提炼更多的内容,解释更复杂的问题。

（一）信息图表的分类方法

信息图表是如何分类的呢？根据《图解力：跟顶级设计师学作信息图》的作者、国际信息设计金奖获得者木村博之的定义，从视觉表现形式的角度，"信息图表"的呈现方式可以分为六类：示意图（Diagram）、图表（Chart）、表格（Table）、统计图（Graph）、地图（Map）和图形符号（Pictogram）。《信息图表设计入门》的作者樱田润则进一步把信息图表的范围缩为五大类：关系型、统计型、地图型、时间轴型和混合型图表。他把图形符号或象形图归于构成信息图表设计的独立因素，即图形符号 × 示意图 = 信息图表。

下面根据木村博之和樱田润的定义，再结合维基百科的相关分类，给出以下五种基本类型。

1. 示意图和流程图

运用图形、线条及插图等阐述事物的相互关系，即用简单的线框图对产品或过程所做的图示和解释（结构 / 功能 / 逻辑 / 过程的可视化）。示意图的英文意思，即"在两个位置之间画出的东西"，指的是描述产品的结构或服务的流程的一串图形，如产品解剖图、组织架构图、作业流程图、程序执行图等。流程英文 flow 译为"流动"，也意味着事物之间的关系。示意图和流程图在图表设计中占的比重很大，具体可以分为以下四个方面。

①表现构成要素或体系的示意图：树状图、蜂巢状图、花瓣形图和卫星形图。

②对多组数据进行比较的示意图：矩形象限图、坐标轴象限图、表格图。

③表现事物的流程或过程示意图：作业流程图、程序执行图、鱼骨图、循环图。

④表现事物层级关系的示意图：金字塔图、同心圆图、树状图。

在上面的分类中，树状图有着双重身份，不仅可以表示系统的构成要素，也可以反映事物的层级关系，如网站的三级页面结构（主页、目录页和详细页）。例如，1859 年，达尔文在大量动植物标本和地质观察的研究基础上，出版了轰动世界的《物种起源》并据此提出了物种进化论，展示出了一幅宏大的树状图——《生物系统进化谱系图》（图 4-2）。

图 4-2 生物系统进化谱系图

2. 统计图

统计图是根据统计数字,通过数值来表现变化趋势或者进行比较,并用几何图形、事物形象等绘制的各种图形。它具有直观、形象、生动、具体等特点。条形图、柱形图、折线图和饼图是最常用的四种类型,此外还有散点图、环状图、雷达图、气泡图、K 线图和热力图等。与示意图或者流程图不同,统计图主要是用于定量分析,因此在数据可视化领域有着广泛的应用。随着数据分析软件的发展,数据的定量显示的方式也越来越多。

虽然统计图表有着大量的模板并在呈现数据可视化方面有着巨大的优势,但由于这些统计图表多由数学统计方法得到,因此不够人性化或者非专业用户体验较差。因此,设计师需要在色彩、构图、文字、图表形式(图形符号的加入)等方面进行"二次设计",才能更好地吸引观众的注意力。

3. 图表和时间轴图

在信息可视化中,英文的"图表"一词既可以用统计图(Graph),也可以用图表(Chart)。按照牛津英语词典的解释,图表原本是指航海用的"海域图",是一份详细标明各条航海路线上暗礁、海岛、岩石、海深等信息的航海图,后来泛指包含各种详细数据或信息的图表,如柱形图、饼图、折线图、趋势图等。这个词和统计图常常在一起混用。但 Chart 偏向统计数据的可视化表达,如饼图(Bar Chart)、环状图(pie chart)或流程图(flow chart)。graph 则偏向与各变量间关系的表达,比如身高与年龄对照的曲线图等。总体上看,图表的范围比较大,统计图(graph)应该只是其中的一个部分。英文的示意图更偏向"图解"的概念,如线路图、运行图等。除了这几个词汇外,技术插图(Illustration)、地图(Map)和图形符号也需要厘清范围。(图 4-3)简单来说就是信息图表 > 示意图 > 图表 > 统计图,地图和技术插图也属于信息图表,但它们属于相互叠加的范畴,其语义要超过示意图、图表或统计图,这里用三种不同的虚线标注其概念范畴。其中,图形符号是信息图表特别是象征性、诠释性图表不可或缺的构成元素,也是虚线范围中叠加区域最多的词汇。

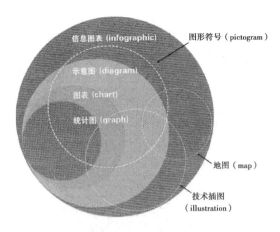

图 4-3　信息图表设计相关英文词汇释义

时间轴图（Timeline）可以反映某个事物在一段时间内变化的曲线或者趋势，如年表中根据时间变量反映出的变化等。时间轴图一般不涉及定量分析，但也可以反映出随时间变化引起的事物之间关系的变化。

（二）信息图表的具体类型

1.地图类

（1）地图。地图是地理信息、位置和空间信息的可视化，也是人类历史上最早出现的可视化设计。

1930～1931年，考古学家在伊拉克的约尔干遗址出土了最早的泥版古地图。考古学家推算该泥板制作的年代为公元前2 300年，这使它成为今天所知的最古老的地图（图4-4）。该地图面积为7.6 cm×6.8 cm，小于人的手掌。虽然这块泥板上雕刻的线条难以破解，但专家认为它展现的是一块区域的土地规划。古巴比伦时代大多的泥板地图都是类似于该地图的形式，标示了灌溉系统、方位、土地以及最重要的所有权。它们被称为"契据"，是一个摆脱了渔猎和采集社会，进入城市社会的必要记录。

此外，阿拉伯著名地理学家穆罕默德·伊德里西在1154年出版了巨著《罗吉尔之书》，该书共包含70幅不同区域的地图，其中的一幅被认为是最早的世界地图之一（图4-5）。该图以其平行曲线的设计领先于同时代的其他地图，专家推测该地图的信息可能源于古代希腊的航海游记或航海指南。

图 4-4　最早的泥版古地图

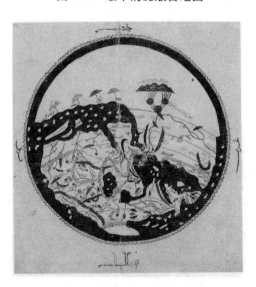

图 4-5　伊德里西的世界地图

地图可以简单定义为"空间信息的图形表达",即根据数学法则,通过制图技术,将地理映射的地形、地貌以及标尺、符号系统和方位等信息按比例绘制到平面图形中。从古至今,传统的地图经历了多种媒介形式,如泥版、银盘、雕刻、丝绸和纸张等。随着科技的进步和地图制作工艺的提高,今天已经产生了数字地图和可搜索、可交互式网络地图(如百度地图或谷歌地图）。地图可以分为多种形式。

对于信息设计来说,普通地图在今天这个信息爆炸和个性张扬的时代无疑是一种落伍的形式。对于专业人员来说,专题地图只是技术索引而非视觉体验。对于普通大众来说,完全抽象化的地图在易读性、美观性、故事性和吸引力上更是一种匮乏的体验。视觉设计师要做的工作就是"二次创意":将原普通地图的信息经过简化、提取、舍弃和加工,提炼出更符合大众审美的核心要素(如地理标志)。设计师通过视觉创意和信息优化,形成插图式的地图。

(2)插画地图

插画地图的蓬勃兴起是与今天人们的数字体验有关的。传统纸媒地图信息量繁杂,使人阅读起来枯燥吃力,而数字时代的插画地图风格明快,信息简洁突出,色彩丰富美观,符合用户的认知心理体验诉求,因此可以吸引读者的注意力、兴趣度和深度记忆。插画地图从用途角度可以分为以下四种类型。

①旅游观光地图。旅游观光地图不但能够引导游客,同时也可作为旅游地区的形象宣传媒体,因此受到各地旅游机构的重视。旅游地图通过对景点和环境等要素进行梳理整合,突出景点的社会性、人文性和历史性的特征。

②城市(地区)鸟瞰图。鸟瞰图有着悠久的历史,由此证明了这种地图形式的生命力。人们总是喜欢登高望远,体验一览众山小。鸟瞰图正是站在"上帝"的视角俯瞰芸芸众生,使读者既能够看清地理坐标又能享受到审美的体验。鸟瞰图还具有信息量大、生动直观、便捷实用的特点。

③美食、民俗和校园地图。美食地图多以夸张、突出的手法突出地方特色食品的美味和可口,并通过形象化的特征表现食物的历史和现状等内容。我国的北京、上海、厦门、成都、西安、杭州、济南等地都有介绍本地特色的美食地图,如厦门的鼓浪屿、曾厝垵等地的美食街等。除了纸媒地图外,还有丝巾形式和数字形式的地图。这些美食地图属于当地的旅游文化衍生品。除了装饰风格的美食地图外,个性化的手绘风格美食地图也受到人们的青睐。

④专题类插画地图。专题地图包括自然地图、环境地图和社会经济地图。自然地图包括地质、地貌、气候、海洋、土壤、植被、动物等专题地图;环境地图包括环境污染与环境保护(图4-6)、自然灾害、疾病与医

疗地理等专题地图；社会经济地图包括人口、政区、工业、农业、交通运输、财经贸易、文化和历史等专题地图。此外，还有面向商业和军事专题的地图。这些专题地图多用于各种专业媒体，如商业周刊、军事杂志、工业杂志或相关的网站或博客等。

专题类插画地图就是对上述专题地图的深加工或再创造，其目标是让专题地图的呈现方式更加通俗化和大众化。为了强化视觉效果，专题类插画地图多数采用示意图和地图结合的方式。

图 4-6　垃圾分类插画

2. 图表类

（1）插画图表

在大众传播领域，插画式图表往往是吸引读者注意力的关键要素之一。尤其是在博物馆科普、动态可视化或自然主题电影都少不了信息插图或插画式图表的参与。果壳网、知乎这种专业媒体网站或博客、微博也是设计师的用武之地。在这个强调交互的信息时代，任何数据及信息的表达都应该是有趣的，至少应该是有亲和力的。一幅优秀的插画图表不能仅仅罗列数据，而应该是一个系统，包括数据分类、逻辑关系、阅读习惯和视觉体验等因素。设计者通过图表将观众带入主题情景，启发观众的兴趣从而传达信息。

从可视化角度说，信息插画的设计，就是图表信息的完整、准确和清晰的表达。从艺术角度看,构图、色彩、文字和设计语言中的诸多要素都需要体现出来。信息插图设计中经常会用到八类设计手法和技巧:图形化、对比、转换、比喻、关联、流动、引入时空和构建场景。通常人眼会把视觉对象从背景中浮现出来,浮现出的即为主,其余的周围背景元素为次。主体元素往往通过比例、色彩、对比和动势设计等方式加以强化。设计师要从庞大的信息量中将真正必要的信息筛选出来,设计表现手法同样需要合理简化,去粗取精,去伪存真,突出重点。

(2)数据图表

设计师大卫·麦克坎德雷斯在 TED 的演讲《数据可视化之美》中,把数据比作肥沃的土壤,能培育收获各种新的知识与智慧。数据可视化最具魅力的特点就是能激发人的形象思维和空间想象,帮助人们洞察数据中隐藏的奥秘。简言之,数据可视化的目的就是让数据说话,让复杂抽象的数据以视觉的形式更准确、更快速地传达。麦克坎德雷斯特别指出:在大数据迅速发展的时代,数据可视化的价值显而易见,而设计师最重要的任务就是要理解不同数据图表的分类与特征,并通过软件工具或编程来设计出最能满足用户需求的图表类型。

数据图表的选择也同样遵循图表设计的原则和方法。数据可视化就是根据用户需求,将枯燥、复杂的数据提炼成更简洁直观的视觉信息。美国著名计算机科学家、马里兰大学人机交互实验室的主任本·史奈德曼教授是人机交互领域的专家,他提出了广受欢迎的交互设计的八项黄金法则:一致性原则、快捷性原则、反馈性原则、闭合性原则、渐进性原则、返回性原则、控制性原则、简约性原则,从这几方面为信息与数据的可视化设计提供了思考和解读。

第二节　交互界面信息可视化

一、交互信息设计

"交互"或"互动"的历史可以上溯到早期人类在狩猎、捕鱼、种植活动中人与人、人与工具之间的关系。"交互"或"互动"意为互相作用、互相影响、互相制约和交互感应。

（一）概述

交互信息设计（Interactive Infographic Design）主要是指基于交互界面、数字仪表板及触控媒介的设计。用户的交互体验主要是通过界面（User Interface，UI）实现的。今天的新媒体无处不在，虚拟正在改变着现实。从休闲旅游到照片分享，从网络视频到美团外卖，信息可视化已经渗透我们生活的每一个角落。界面交互设计师担负着沟通现实服务与虚拟交互平台的重任。作为交互媒体的设计，界面设计不仅涉及文字、色彩、版式等视觉元素，而且还与用户行为、操作方式和功能设计密切相关。[①]

交互信息可视化具有跨平台的特点，可以在手机、平板计算机或台式计算机之间实现无缝切换。该类信息可视化设计要求具备科学性、可靠性、准确性和完整性，如能够清晰体现数据之间的因果关系，同时也需要具备一定的艺术性和美观性，在色彩、量化与表现上更加舒适和自然，避免出现视觉疲劳。如航空交通流量数据分析图就充分利用了彩虹色，可以清晰地反映出不同区域航班的实时数据。

（二）交互设计的意义和价值

交互设计（interaction design，IxD）从狭义上看，就是指人与智能媒介之间的交互方式的设计。早期的人机交互主要是基于触觉和视觉，而随着信息化技术的发展，全身体验的环境交互已成为现实。例如，由日本 team Lab 新媒体艺术家团体打造的全球首家数字艺术博物馆就是多感官体验的范例。此外，智慧服装、人脸识别、GPS 定位智能鞋，还有基于"互联网+"概念设计的智能家居等都是交互设计的范例。交互方式代表了不同的行为隐喻，并帮助全球十几亿人欣赏和分享照片、浏览新闻、发邮件、玩游戏或微信聊天等。所有这些事情不仅依赖于数字和工程技术的发展，而且正是交互设计或者人性化的人机互动方式（界面设计），才能使这些数字媒体产品和服务成为贴心的伙伴、省力的助手、娱乐的源泉和亲密的朋友。

---

① 李四达.交互设计概论[M].北京：清华大学出版社，2019.

二、交互设计和周边学科

对于交互设计师而言，为达成用户的目标，他需要综合运用多门学科知识，了解用户的生理习惯、心理特点、实际需求，并将其表现在产品的功能、性能以及形式上等。

（一）工业设计

工业设计中采用的设计过程，很多的设计原则，将应用到交互设计中。比如设计需要充分理解商业、技术和人，并平衡三者关系。甚至有人觉得，交互设计是工业设计在软件上的延伸，许多交互设计从业者也是由工业设计师转型而来，并将他们在工业设计中的知识与技能应用其中。[①]

（二）认知心理学

认知心理学主要是研究人的认知过程，包括注意、直觉、表象、记忆、思维、语言等。认知心理学为交互设计提供基础的设计原则。

如图所示，Time Machine 的界面采用深邃的星空，三维的时间轴，让用户能自然地联想到 Time Machine 能让文件夹穿梭时空回到过去，比喻的使用达到了期望的效果（图 4-7）。

图 4-7　Mac Os 系统备份软件 Time Machine 的功能界面

---

① 黄琦，毕志卫．交互设计 [M]．杭州：浙江大学出版社，2012.

（三）人因工程

人因工程学研究的核心问题是在特定条件下人、机器及环境三者间的协调，该工程在研究过程中涉及了心理学、人体工程学、美学等多个领域。

例如，让系统更容易使用，便于点击，减少鼠标移动，也被交互设计所采用。图 4-8 显示了在计算机界面发展的早期，人们曾试图将滚动条放置在屏幕的左侧，这样导致出现手跨越屏幕进行操作的情景，后来人们就将滚动条放在了右侧，毕竟使用右手的是多数。

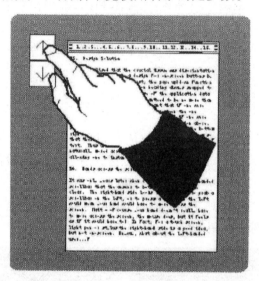

图 4-8　早期滚动条设置

（四）信息架构

信息架构是指组织起信息内容的结构与方式，在互联网产品中，信息架构就是对内容的分类，并通过建立一种引导人使用的方式，让人更易于获得想要的内容而进行的设计。有效的信息架构能够让用户按照逻辑，没有障碍地、逐步地得到他们想要获得的内容。

三、UI 设计与信息可视化

数字媒体和互联网已经彻底改变了我们与信息的互动方式。今天人们获取信息的主要方式源于网络。随着媒体的数字化,技术和艺术的联姻打开了通往时间、虚拟空间和互动生活方式的大门。技术不仅改变了社会,同时也改变了设计的法则。电子阅读逐渐替代书籍,意味着静态的、叙事性的和线性的设计美学的终结。手机屏幕替代了海报,象征着以字体、版式、图像和图形构成的印刷世界被数字化媒体的"流动世界"所替代(图4-9)。苹果公司的简约风吹遍全球,谷歌公司的"材质设计"成为 UI 设计的新标准,所有这些意味着变革的到来。一种基于流动的、交互的、大众的和服务的设计美学呼之欲出。由此,基于数字媒体的设计时代正在成为设计的中心。

图 4-9　手机触屏

　　用户对软件产品的体验主要是通过用户界面(User Interface, UI)实现的。广义界面是指人与机器(环境)之间存在一个相互作用的媒介,这个机器或环境的范围从广义上包括手机、计算机、平面终端、交互屏幕(如投影仪在桌面或墙上的投影)、可穿戴设备和其他可交互的环境感受器和反馈装置。在人和机器(环境)接触层面即我们所说的界面。

　　界面设计包括硬件界面和软件界面的设计。前者为实体操作界面,如电视机、空调的遥控器,后者则是通过触控面板实现人机交互。除了这两种界面外,还有根据重力、声音、姿势等识别技术实现的人机交互。软件界面是信息交互和用户体验的媒介。早期的 UI 设计主要体现在网页设计上,随着宽带的增加和 4G 移动媒体的流行,界面设计从开始的功能导向向视觉导向转移。苹果 iPhone 智能手机的出现为界面设计打开了新的大门,2010 年以后, iOS 和安卓系统的智能大屏幕手机已经在全球迅速普及,移动互联网、电商、生活服务、网络金融纷纷崛起,界面设计和用户体验成为火爆的词汇, UI 设计开始被提升到一个新的战略高度。近几年,国内大量的从事移动网络、软件服务、数据服务和增值服务的企业和公司都设立了用户体验部门。还有很多专门从事 UI 设计的公司也应运而生。软件 UI 设计师的待遇和地位逐渐上升。界面设计已成为 21 世纪设计师的新职业(图 4-10)。

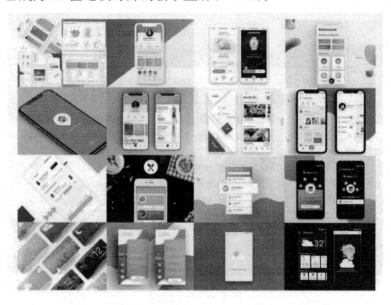

图 4-10　手机软件界面设计

　　界面设计与信息可视化相辅相成。例如,人体多数生理参数,如血压、脉搏、体脂率、卡路里等信息必须依靠可视化的动态图表或数字仪表盘显示。智能手表最突出的特征就是它能够支持可交互的表盘,可以实现计时、通话、日历、天气和社交等功能。可交互表盘除了有拖曳标签、点按切换、长按通话等几种交互方式外,还可以采用语音、滑动和长按等交互方式。智能手表通过传感器监测运动、生理、健康指标(图4-11);通过屏幕、声音和震动完成以手机为核心的推送信息传递以及初步的社交功能。此外,新一代智能手表还可以用可视化的方式检测情感、情绪变化,特别是能够通过对身体的监测及时为用户健身提出建议。

四、交互界面信息设计原则

在既定的环境中,感知结构能让我们能更快地了解事物。人们在使用应用软件和浏览网站时,大多不会仔细阅读每一个词,而只会快速地扫视信息,找到感兴趣的内容。所以,信息呈现方式越是结构化,人们就越能更快和更容易地扫视和理解。这就意味着我们应去掉烦琐的内容而只呈现高度相关的信息,如此占用的页面空间会更少,会更容易浏览。我们可以通过信息结构的优化来避免视觉干扰,从而提高用户的浏览速度,并更快地找到所要的结果。这样,我们就能得到更加便于感知的信息视觉结构。

图 4-11 智能手表心率监测

（一）结构化的信息

即使是少量的信息,也能通过结构化使其更容易被浏览。例如,现在常见的信用卡上信息的布局方式,其中很多信息被分组设置,并会进行一定的组合,这样做便于浏览,也便于记忆。一般来说,一长串的数字可以用很多的方式进行分隔,例如依据用户的记忆习惯,或是某行业的标准,这其实就是引导信息结构化的方法。

（二）数据控件

我们可以使用数据的专用控件来形成有效率的视觉结构，这十分方便。使用数据控件时，设计师不用考虑如何分割数据，就能通过恰当的文本输入框来布局某个具体类型的数据以及接收输入的方式。

（三）视觉层次

可视化信息显示的最重要目标之一是提供科学的视觉层次，即将信息分段，把大块整段的信息分割为小段，按照视觉感知的先后顺序明显标记每个信息段和其统领的内容，以便用户识别。当用户查看信息时，视觉层次能够使其从大篇幅的信息中立刻提取出与自己目标更相关的内容，并将注意力放在所关心的信息上。因为设定好的视觉层次能够帮助用户轻松跳过无关的信息，更快地找到要找的东西。

五、界面、交互与应用情境

（一）界面与交互

我们可以把界面定义为存在于人和机器的互动过程（Human Machine Interaction）中的一个层面，它不仅是人与机器进行交互沟通的操作方式，同时也是人与机器相互传递信息的载体。它的主要任务是信息的输入和输出，即把信息从机器传送到用户以及把信息从用户传送到机器。由于界面总是针对特定的用户而设计，因此也把界面称为用户界面。[①]

依据界面在人与机器互动过程中的作用方式，可以将其分为操作界面与显示界面两大类。通常操作界面起到的是控制作用，用户通过操作界面发出信息、操作机器执行指令，同时也通过操作界面对机器的反馈信息做出反应动作。操作界面主要包括触控屏幕、鼠标、键盘、操作手柄、遥控器等。

显示界面主要的职能是信息显示。用户通过显示界面监控机器对于指令的执行状况。显示界面是人机之间的一个直观的信息交流载体，通常包括图、文、声、光等可释读要素。在通常情况下，操作界面与显示界面是并存的，操作界面为人机互动提供了一个行动平台，而显示界面

---

① 廖宏勇．数字界面设计［M］．北京：北京师范大学出版社，2010.

则为人机互动提供了一个信息平台,这两个平台组成了人机互动的一个基本环境(图 4-12)。

用户原则是界面设计中最核心的原则。用户原则的关键在于用户类型的划分与确定。例如,我们可以依据用户对于界面的熟练程度,将他们划分为新手用户、一般用户和专家用户;也可以依据他们使用界面的频次,将他们划分为经常用户和偶然用户,还可以根据他们的操作特性,将他们划分为普通用户和特殊用户。可以从各种不同角度和不同方式来划分用户,在设计实践中具体采用何种方式还需要视实际情况而定。

图 4-12 车载系统的界面

确定用户类型后,要针对其特点来预测他们对不同界面的反应。这就要从多方面进行综合考察与分析。在这一原则中我们需要考虑以下三个问题:一是界面设计是否有利于目标用户学习和使用,二是界面的使用效率如何,三是用户对界面设计有什么反应或建议。这三个问题概括了在界面设计中,依据用户原则应该实现的任务目标,同时也确定了设计的主要内容。

"界面"与"交互"是我们在界面设计中经常谈到的两个概念。"交互"这个概念从本质上说是一种人机交互。图 4-13 概括地描述了典型的人机交互系统中,信息的流程及其运作的机制。在这个模型中,存在着计算机和用户信息处理这两大关键部分,它们之间就是界面。对于用户来说,他们对于计算机系统状态的理解都是通过界面来实现的,而界面也就成为交互行为必不可少的媒介。

界面是完成信息交互的载体,它是一个横向的平台,而交互则是这个平台中的一个纵向的工作流程。没有界面提供的平台,交互就无法顺利进行;但如果没有交互行为,界面也就失去了其存在的意义。由此看来,界面与交互是两个相辅相成的概念,二者缺一不可。作为界面设计的组成部分,交互是界面设计的核心内容,也是界面设计所需要实现的基本目标。

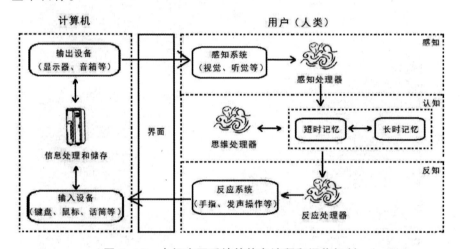

图 4-13　人机交互系统的信息流程和运作机制

(二)应用情境

应用情境可以说是移动领域最常用又最容易被低估和误解的概念。在信息的界面设计中,我们常要把用户的需求放在十分重要的位置,但是任何的用户需求实质上都是一定情境中的需求。也就是说,撇开情境谈需求,其实是舍本求末。

一般来说,应用情境分为两种——背景环境和归属环境,这两种应用情境可以无差别地互换使用。

背景环境就是对周围环境的理解,这是为理解当前所做的事情而建立的心理模型。例如,站在柏林墙的遗迹前在手机上阅读关于它的历史,就是在给做的事情增加背景环境。

归属环境是人们做事时所用的方法、媒介或环境，或者说是认知环境。通常有三种不同的归属环境：

其一，所处位置或物理环境，它决定了人的行为。不论是在家中、办公室、汽车或火车上，每种环境都决定了人们访问信息的方式，以及怎样从信息中获取价值。

其二，访问时所用的设备，或者称为媒体环境。移动终端媒体的内容并没有想象的那么丰富，但它可以根据当前的状况提供信息。移动终端的媒体环境并非只涉及接收的信息的实时性，还可以用于实时吸引观众，这是其他媒体做不到的。

其三，当前的思维状态，或者称为情态环境。思维状态是影响人们在何时何地做什么事的最重要的因素。由于各种需求或欲望的驱使，人们会做出选择以完成目标。任何经过深思熟虑的行为或无所作为，其核心其实都是情态环境。

六、UI 设计

（一）列表与宫格

目前智能手机 UI 与内容布局开始逐步走向成熟和规范化。其导航设计包括列表式、宫格式、标签式/选项卡式、平移或滚动式、侧栏式、折叠式、图表式、弹出式和抽屉式等这些都是基本布局方式，在实际的设计中，我们可以像搭积木一样组合起来完成复杂的界面设计。例如，顶部或底部导航可以采用选项卡式，而主面板采用宫格的布局。另外要考虑到用户类型和各种布局的优劣，如老年人往往会采用更鲜明简洁的条块式布局。在内容上，还要考虑信息结构、重要层次以及数量上的差异。①

1. 列表式手机导航界面设计

列表菜单式是最常用的布局之一。手机屏幕一般是列表竖屏显示的，文字或图片是横屏显示的，因此竖排列表可以包含比较多的信息。列表长度可以没有限制，通过上下滑动以查看更多内容。竖排列表在视

① 李四达.高等学校数字媒体专业规划教材 信息可视化设计概论[M].北京：清华大学出版社，2021.

觉上整齐美观，用户接受度很高，常用于并列元素的展示，包括图像、目录、分类和内容等。多数资讯 App、电商 App 和社交媒体都会采用列表式布局。它的优点是层次展示清晰，视觉流向从上向下，浏览体验快捷。采用竖向滚动式设计也是多数好友列表或搜索列表的主要方式，用户可以通过上下滑动浏览更多的内容。为了避免列表菜单布局的过于单调，许多 App 界面也采用了列表式 + 陈列式的混合式设计（图 4-14）。

图 4-14　列表式 + 陈列式的混合式设计

2. 宫格式手机导航界面设计

宫格式布局是手机 UI 界面最直观的方式。可以用于展示商品、图片、视频和弹出式菜单，如著名照片特效应用程序 PhotoLab 的设计。同样，这种布局也可以采用竖向或横向滚动式设计。宫格式采用网格化布局，设计师可以平均分布这些网格，也可根据内容的重要程度不规则地分布。宫格式设计属于扁平化设计风格的一种，不仅应用于手机，而且在电视节目导航界面，在苹果 iPad 和微软 Surface 平板计算机的界面中也有广泛的应用。它的优点不仅在于同样的屏幕可放置更多的内容，而且更具有流动性和展示性，能够直观展现各项内容，方便浏览和更新相关的内容。

在手机导航中，九宫格是非常经典的设计布局。其展示形式简单明了，用户接受度很高。

3. 混合式手机导航界面设计

宫格式布局主要用来展示图片、视频列表页以及功能页面。宫格式布局会使用经典的信息卡片（paper design）和图文混排的方式来进行视觉设计。同时也可以结合网格化设计进行不规则的宫格式布局，实现"照片墙"的设计效果。信息卡片和界面背景分离，使宫格更加清晰，同时也可以丰富界面设计。瀑布流的布局是宫格式布局的一种，在图片或作品展示类网站，如 Pinterest、Dribbble 设计中比较常见。瀑布流布局的主要特点是通过所展示的图片让用户身临其境，而且是非翻页的浅层信息结构，用户只需滑动鼠标就可以一直向下浏览，而且每个图像或者宫格图标都有链接可以进入详细页面，方便用户查看所有的图片。国内部分图片网站，如美丽说、花瓣网也是这种典型的瀑布流布局。宫格式布局的优点是信息传递直观，极易操作，适合初级用户使用。丰富页面的同时，展示的信息量较大，是图文检索页面设计中最主要的设计方式之一。但缺点在于其信息量大，所以使得浏览式查找信息效率不高。因此，许多宫格式布局也结合了搜索框、标签栏等来弥补这个缺陷。

（二）侧栏与标签

1. 侧栏式布局

侧栏式布局也称作侧栏菜单，是一种在移动页面设计中频繁使用的用于信息展示的布局方式。如果说，宫格式布局是从网页时代就开始出现，并通过网页设计影响到手机移动界面设计，那么，侧栏式布局可以说是根据手机屏幕特点设计的布局方式。手机界面的侧栏式布局大多是通过点击图标查看隐藏信息的一种方式，受屏幕宽度限制，手机单屏可显示的数量较少，但可通过左右滑动屏幕或点击箭头查看更多内容，不过这需要用户进行主动探索。它比较适合元素数量较少的情形，当需要展示更多的内容时，采用竖向滚屏则是更优的选择。

侧栏式布局的最大优势是能够减少界面跳转和信息延展性强。其次，该布局方式也可以更好地平衡当前页面的信息广度和深度之间的关系。折叠式菜单也叫风琴布局，常见于两级结构的内容。传统的网页树状目录就是这种导航的经典，用户通过点击分类菜单可展开并显示二级内容。侧栏菜单在不用的时候是隐藏的，因此它可承载比较多的信息，同时保持界面简洁。折叠式菜单不仅可以减少界面跳转，提高操作效率，而且在信息架构上也显得干净、清晰，是电商 App 的常用导航方式。在实现侧栏式布局交互效果时，增加一些交互上的新意或趣味性，比如折纸效果、弹性效果、翻页动画等,可以增强侧栏布局的丰富性。

2. 标签式布局

标签式布局又称选项卡(tab)布局,是从网页设计到手机移动界面设计都会大量用到的布局方式之一。标签式布局最大的优点便是对于界面空间的高重复利用率。所以在处理大量同级信息时,设计师就可以使用选项卡或标签式布局。尤其是手机 UI 设计中,标签式布局真正发挥其寸土寸金的效用。图片或作品展示类 App 如 Pinterest 就提供了颜色丰富的标签选项,淘宝 App 同样在顶栏设计了多个选项标签。对于类似产品、电商或者需要展示大量分类信息的 App,标签栏如同储物盒子一样将信息分类放置,对于 App 网页的清晰化和条理化是必不可少的。此外,从用户体验角度来讲,一味地增加 App 页面的浏览长度并不是一个好方法,当用户从上到下浏览页面时,其心理也会从仔细浏览变成走马观花式的快速查看。在手机移动界面中,一般手机页面的长度不会超过 5 屏,所以利用标签式布局可以很好地解决这样的问题,在信息传递和页面高度之间提供了一个有效的解决方案。

作为标签式网页的子类,弹出菜单或弹出框也是手机布局常见的方式。弹出框把内容隐藏,仅在需要的时候才弹出并可以节省屏幕空间。弹出框在同级页面进行,这使得用户体验比较连贯,常用于下拉弹出菜单、地图、二维码信息等。但由于弹出框显示的内容有限,所以只适用于特殊的场景。

(三)平移与滚动

平移式布局是移动界面中比较常见的布局方式。大平移式布局主要是通过手指横向滑动屏幕来查看隐藏信息的一种交互方式。在 2006 年,微软公司的设计团队首次在 Windows 8 的界面中引入了这种设计语言,强调通过良好的排版、文字和卡片式的信息结构来吸引用户。微软将该设计语言视为"时尚、快速和现代"的视觉规范,并逐渐被苹果 iOS7 和安卓系统所采用。使用这些设计方式最大的好处就是创造对比,可以让设计师通过色块、图片上的大字体或者多种颜色层次来创造视觉冲击力。对于手机 UI 设计来说,由于交互方式不断优化,用户越来越追求页面信息量的丰富和良好的操作体验之间的平衡,平移式布局不仅能够展示横轴的隐藏信息,而且通过手指的左右滑动,可以横向显示更多的信息,从而有效地释放手机屏幕的容量,也使得用户的操作变得更加简便。

对于手机屏幕来说,通常的屏幕尺寸都是固定的,以三星 S8+ 为例,屏幕为 6.2 英寸,分辨率为 1440×2960 像素。所以页面信息的广度更多是在纵向区域来展示的,平移式布局的使用使得信息在手机屏幕的横向延展成为可能,可以非常有效地增加手机屏幕的使用效率。这种设计样式使页面的层级结构变少,用户避免了一次次地在一级和二级页面之间切换。对于 iOS 平台,随着 iOS10 系统的逐步更新,对于手机屏幕横向空间的利用也变得更加频繁。同样,Android 系统也支持了平移布局为主的左右滑动。一般在设计平移式布局时,主要根据卡片式设计进行设计,如旅游地图的设计就可以采取左右滑动的方式。左右滑动的卡片还可以采用悬停、双击等方式跳转到详细页,这样会给用户一种现实操作感,就像是在真实滑动一张张卡片似的,体验感会更加优化。在设计平移动式的卡片时,最好能够考虑圆角的大小以及投影等各个参数的效果,以使视觉设计更加优化。如果结合了缓动或加速的浏览方式,还能带给用户趣味的体验。

对于手机界面来说,无论是平移设计还是上下滚动设计,都是为了最大限度地利用手机的屏幕空间。对于一些需要快速浏览的信息,如广告图片、分类信息图片和定制信息等,就可以考虑采用平移扩展的布局,一般以横向三四屏的内容最为合适,可以设计成手控双向滚动的模式。如果是大量的图片或视频等,就可以考虑采用上下滚动的布局,通常可以考虑四五屏的长度,如果太长则用户会失去耐心。对于 iOS 系统,这些图片圆角大小建议控制在 5 像素以内,如果是 Android 系统,那就按照材质设计的要求,卡片圆角统一成 2 像素即可。平移或滚动设计也可以结合标签或宫格式布局使界面更加丰富。

第三节　动态媒体信息可视化

由于网络对多媒体技术的支持,在视觉传达的手段上也呈现丰富多样的形态。动态可视化又被称为 MG 动画或图形动画,主要是指通过

AE、PR、AI 或者 Animate、C4D 等软件,借助动画技术、影视特效等手段来展示与传达信息内容的动画形式。虽然图形动画是伴随着数字技术登上历史舞台的新媒体形式,但艺术家们对图形动画、动态影像、音乐 MV 等的探索却有着更悠久的历史。

动态信息设计是结合信息设计及动态图形设计的综合设计,是一种信息动态化表现。它基于信息的重组,附之以符号动态变化、声效、趣味的解说等,是一种让信息呈现形式更具感染力的设计。

动态信息表现要素主要体现在以下几个方面(表 4-1)。

表 4-1　动态信息表现要素

要素类别	静态信息	动态信息
图形	形态、色彩、大小、位置、距离长短	深度、幅度
动画	形态、色彩、大小、位置、距离长短	速度、方向、范围
交互	摇摄、翻页	放大、缩小、旋转、画面移动
声效	声音方向、高低、长短、音色	

一、图形动画与可视化

图形动画应用于商业领域已经有数十年的历史。早在 20 世纪 60 年代,"007"系列电影的片头设计师莫里斯·宾德就采用了 MG 动画。第一部 007 电影《诺博士》开场的射击动画视觉冲击感极强:老式相机的快门中的一个刺客,行走时突然转身,用 38 毫米口径手枪面向观众射击,之后鲜血自上流下(图 4-15)。该片头沿用至今并成为 007 电影的标志。

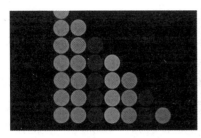

图 4-15 《诺博士》片头

MG 动画或动态影像设计从分类上更接近于图形设计。同理,动态可视化设计也属于可视化设计的子集。二者的区别主要在用途上。动态影像设计通过使用动画或电影技术来制作动态影像或动画,产品主要应用在电影片头、电视栏目包装、网站或手机动效设计、展览特效设计等领域。除了电影片头外,电视频道中开场动画、三维台标动画以及结尾动画等多采用 MG 的表现形式。动态可视化除了动态特效外,科普性、新闻性和客观性往往是其表现的重点。动态可视化需要对数据图表进行展示,用旁白等方式来推进叙事进程,对非故事性内容的侧重使得这类动画更接近于特定的人群。动态可视化主要用于新闻、科普、学术与教育领域,部分用于企业品牌包装和产品推广、展览、广告、营销等目的,这些都要求有一定的信息时效性。

随着社交媒体和在线传媒的发展,动态影像设计和动态可视化也成为广告营销、企业形象推广和公共宣传的重要表现形式。全球技术公司思科提出,2022 年,所有网络流量中的 82% 将是视频形式,营销人员和广告设计师会将大部分精力集中在制作高质量的视频节目和动态影像的内容上。

二、图形动画的视觉语言

观念和表达是动画的灵魂。动画作者必须具有视觉思维,这在图形动画中更加重要。相对于剧情动画来说,图形动画的特殊性在于其符号的象征意义。如果说,传统剧情动画主要依赖"演员角色"的表演和戏剧性情节来取悦观众,图形动画则主要依靠观众对象征性"幻变"图形的感悟和对可视化信息体验所激发的情感来打动观众。正如传媒大师麦克卢汉指出的:漫画和图形作为"冷媒介"需要观众的参与和顿悟才能领略其中的美感。从这一点上看,图形动画的主要优势在于能够简洁、准确而生动地诠释思想和观念。娱乐仅仅是动画的表象,象征性与观念性才是动画的灵魂。①

作为实验动画的继承者和新媒体时代的新兴产物,图形动画从诞生到发展,从奥斯卡·费辛格时期算起,经历了近百年的发展与传承,并在数字时代绽放出绚丽的色彩。这一方面是源于数字技术的迅猛发展和制作手段的与时俱进,而更重要的是,由于信息可视化的发展,人们才能将数据、图形和动画三个领域相结合并形成较为完整的视觉语言体系。沿用电影艺术中"视听语言"的概念,图形动画语言即是其运用视觉和听觉语言进行叙述和表现思想、阐释意义和传达信息的一套体系。新媒体传播、平面设计和影像艺术是图形动画语言的基础。

(一)图形动画与平面设计语言

从表现形式上看,图形动画语言带有平面设计的诸多特征,服从平面设计原则和规律。平面设计与视觉传达的理论对图形动画有着深刻的影响。在视觉风格上,不同于传统动画偏写实的造型和画面风格,图形动画讲究点、线、面、构图、色彩等原则和规律,形成了图形化的视觉风格,较为普遍的扁平化、极简线条和瑞士风格等都与平面设计、信息可视化密切相关。

正是由于源自平面设计,图形动画对画面的构成更为重视,不仅具有连环画或 PPt 般清晰的逻辑性,而且对画面内容与元素的解析也更为丰富。

(二)图形动画与视觉隐喻

图形动画在故事设计中同样具有独特性。首先,图形本身必须提供足够具体的信息,使观众对角色、情景和故事的起因有充分的了解。图形不仅要提供情节发展的信息,还必须要包含隐喻。这种隐喻使得动画超越了故事情节而延伸到其所代表的具有关联性的领域中——体现出科学、政治、社会或经济问题的解读;品牌与产品的推广可以通过动感酷炫的图形变化来激发观众的情感。对于图形动画脚本作者来说,熟悉视觉语言和形式非常重要。视觉写作既要掌握讲故事的基本技巧,又要

---

① 李四达.新媒体动画概论[M].北京:清华大学出版社,2013.

将在此提到的象征性关联渗透到故事中。所有动画图像都是高度浓缩的符号,它是故事及其视觉体现的原创性的核心①。

此外,图形动画的动态视觉语言不同于传统动画以角色表演、场面调度等来实现,而是以信息可视化来思考图形的运动,如图形元素自身的形变、性质变化和空间中的位移等。另外,图形动画还可以通过图层叠加组接画面,比传统动画的分镜头的剪辑更加高效快捷,因此长镜头的运用在图形动画中非常普遍,一镜到底的表现手法可以制造出酣畅淋漓的视觉流畅感。

结合了数据、图形和动画三者的优势,图形动画的视听语言具有更大的表现空间,在包容性、适应性和互动性上远超传统电影和电视。此外,图形动画突破了实景拍摄、真人表演的限制,可以用技术实现各种抽象、夸张、复合或超现实的创意设计,成为影视片头、包装、广告、MV和品牌推广的最佳媒介之一。

三、图形动画的应用类型

从图形动画的应用场景来说,大致可以分为以下五种类型。

（一）企业品牌推广和产品营销类

企业品牌推广和产品营销是图形动画最主要的应用场景,大约占全部图形动画总数的三分之一以上。在视频流媒体时代,图形动画能够带来更强的相关性、趣味性和个性化,图形动画不仅可以讲述产品故事,还可以向观众展示如何使用产品或服务。例如,西班牙新媒体动画公司Binalogue 为英国文化协会制作的营销动画《你和你的社交媒体》（图4-16）就是范例。该动画以社交媒体为出发点,通过信息、人物、字体与图形之间的互动,反映了全球化时代社交媒体的基本特征和英国文化协会的推广策略。

---

① 保罗·韦尔斯,贾茗葳,马静.国外设计院校指定教材 国际动画设计教程:剧本创作[M].大连:大连理工大学出版社,2008.

图 4-16　你和你的社交媒体

（二）科普类与新闻诠释类

科普与新闻领域也是图形动画最重要的应用场景之一。特别是在自媒体、视频媒体爆发增长的时代，人们更需要清晰、准确和有用的知识与技能。科普动画内容相对客观、中立或者偏学术性、知识性和大众性，采用了"摆事实、讲道理、晒图表、拉家常"的表现方式，通俗易懂，为观众所青睐。在网络上，很多涉及低碳环保、节能减排或生态健康等科普内容都是 MG 动画表现的焦点[①]（图 4-17）。

新闻/媒体类图形动画以时效性和普及性为核心，强调新闻的二次挖掘和解读，并通过大众喜闻乐见的形式加以传播。传统的新闻报道，无论是杂志、报纸还是电视，多是通过语言、文稿、插图或图表来展示，这对于当下手机一代来说应该是落伍的形式。新媒体环境成长起来的受众，习惯于多环境、快餐式获取信息并且偏重视觉化、娱乐化

---

① 李四达.高等学校数字媒体专业规划教材 信息可视化设计概论[M].北京：清华大学出版社，2021.

的新闻信息内容。图形动画可以用卡通幽默的方式来展示新闻故事（图4-18），还可以通过深度解读，挖掘出这些现象背后所蕴含的深刻哲理。

图4-17 《绿色城市》

图 4-18　新闻动画

此外,图形动画还可以通过旁白、单口相声和对白相声的叙述形式来解说品牌故事、讲解科普知识和评述社会热点,成为结合了新闻性、教育性和娱乐性的新的传播形式。

（三）操作演示类和 UI 界面类

软件和编程、人工智能、大数据与信息可视化的巨大市场需求,使得在线学习成为大热门。同时,如何操控手机的各种 App？ 如何进行 App 原型设计与演示？这类在线教育与培训课程早已成为抖音、哔哩哔哩、YouTube 上面最热门的短视频。相比录课式网络课堂教学,图形动画不仅更简洁、更生动、更清晰,而且文件量更小,也更适合在手机等移动设备上阅读。随着制作技术的进步,图形动画也早早摘掉了"图形"的帽子,"混合媒介""混搭技术"与"视觉多样性"已成为这种动画的突出特点,包括数字化手绘、剪纸、拼贴、定格、真人视频抠图、CAD 三维动画、视频剪辑合成、字幕特效等多种形式都成为图形动画的表现方式,这也使得图形动画成为在线软件教育的新宠。UI 界面演示类图形动画是借助 AE 实现动画特效,如点击、滑动、翻页、放大或是各种酷炫的效果（图 4-19）。使用图形动画不仅可以向客户展示原型设计或者 App 的创意,还可以让客户能够提前判断软件的功能设计、交互设计、色彩风格或导航方式的可行性,帮助设计团队更好地与客户进行沟通。

图 4-19　手机 UI 界面转场动画

（四）动态插图和 GIF 动图类

在数字媒体与手机人人普及的时代,还在用静态标志设计品牌形象就显得非常落伍。因此,动态插图、动态标志或者更酷炫的动画标志应运而生。动态标志的流行不仅适应新媒体的发展,更重要的是能为读者带来新的感受和体验,也是一种改善品牌营销的绝佳方法。例如,鼠标悬停动画就可以将交互性和特效相结合。同样,设计师借助 SVG（矢量图形）和 CSS 动画,也可以创建一些令人惊叹的动态信息插图或 LOGO 图标和品牌的动画效果（图 4-20）,而文件尺寸比传统动画要小很多。不仅如此,动态插图和标志也给平面设计带来了新思维,推动了视觉传达采用更新颖的品牌塑造方法。

图 4-20　动态图标

早期的 GIF 动图可以说是可视化符号的范例,但在数字媒体时代,

GIF 动画突破了"表情符号"的局限,成为功能强大的社交媒体交流工具之一。GIF 动图兼有平面图形与动画的双重属性,可以快速实现基于网络的交流和内容分享,如信息传达、故事梗概、幽默短片、网络段子等。GIF 动图的发展经历了由简单到复杂、由黑白到彩色、由表情动画到复杂动画;由平面到三维,由社交到品牌塑造这样一个逐步丰富,逐步自然化、人性化的过程。

（五）视觉特效

影视特效、片头设计和电视栏目包装是图形动画最早涉足的领域,也是图形动画最成功的商业领域。早在网络媒体出现之前,图形动画就涉足频道包装、片头、广告、MV 和舞台特效等业务。当代数字视觉特效的范围更加广泛,除了传统的动画、动态媒介、实验影像和互动装置外,还与新媒体平台业务有着多处重叠,如网剧包装、抖音、快手类视频 App 特效包装、HTML5 交互式营销等。和传统的基于演员和 3D 酷炫制作的电影电视片头和广告相比,图形动画更趋向于新媒体,色彩对比更强,风格也更加扁平化（图 4-21）。图形动画高效、简洁、清晰、视觉冲击力强,能够最大限度地彰显作者的艺术修养和技术表现能力。

图 4-21　动画电影《怪兽电力公司》片头

四、图形动画设计流程

（一）从概念到分镜

图形动画制作的流程结合了信息可视化设计和动画设计的方法,通常按照文案、脚本、图形、动画、后期五大步骤来进行。该过程同样符合信息产品的设计过程,即从战略层、范围层、结构层、框架层到表现层的步骤。

1. 项目策划与客户沟通

创建图形动画需要综合各方面的知识与技能。从战略层、范围层、结构层、框架层到表现层,每个步骤都有各自的目标,这些对于最终作品的成功必不可少。一般来说,任何创意项目都应以甲、乙双方的项目启动会议开始。为了建立客户与设计团队间的信任关系,必要的见面沟通环节不可或缺。虽然视频会议形式的交流比较方便,但美国麻省理工学院的一项研究表明:面对面往往是最有效的交流形式。这个阶段任务包括:①确定目标、内容与受众;②确定作品媒介形式、主题与风格;③确定项目预算与工期。

2. 设计方案和文字脚本

通常来说,设计方案和文字脚本是乙方提交客户的第一份文件。文字脚本、大纲、草图和故事梗概对于后期的故事板设计和分镜设计非常重要。这份设计草案通常包括文字概述、脚本草图、画外音和屏幕上的文字。由于脚本内容和故事情节是任何视频或动态图形的基础,因此故事脚本和后面的场景和动设计最好是一体化的过程。一个设计项目的成功往往需要收集各方面的反馈意见,因此,设计师、策划师、用户研究人员、动画师和项目经理可以集体进行头脑风暴和细节规划。这种方法可确保故事情节能够引人入胜,并与后续的设计和动画风格很好地配合。在确定作品呈现风格时,也可以参考目前网络上的各种图形动画资源,如著名的设计师作品交流站 Dribble 或 Adobe 旗下的设计资源和交流网站 Behance 等。

3. 故事板与分镜设计

当前面的设计方案获批后,设计团队将继续进行深入的故事与场景设计。在此阶段,设计师和动画师将分镜画面草图、配音文字、场景与动画结合在一起组成故事板,使最初的文字方案视觉化,成为更加栩栩如生的视觉故事。根据该项目包含的预算、时间表和制作工艺等诸多因素,故事板草图的复杂程度可能会有所不同。

传统的分镜头本是一些图画或草图的集合,看上去就像是连环画,记录了动画从开始到结束的整个过程,包括时间律表、场景、动作、旁白、音乐、转场和特效等。通常传统分镜头故事板格式包括镜号、画面+

转场标注、景别、解说或对白、音效和备注。但故事板也并非标准化,往往会根据动画导演的要求采用更灵活的方式。故事板是动画片中最重要的部分,根据这些线索动画师就能知道在成片中哪些是主要的情节。早期故事板多数是动画师手绘在卡纸律表上。现在也有很多故事板软件,设计师可以通过软件工具直接进行设计。此外,图形动画的艺术指导、项目经理和客户也会参与该过程,并对作品的颜色、字体和插图风格等进行最后确认。

(二)从原型设计到影片推广

1. 动画原型设计

故事板确定之后,插画、图形或动态元素设计就是最重要的工作。这个阶段需要设计师对动画元素,如人物造型、道具、场景、字体、动态图形、数据图表等多种动画原件或原型进行设计。例如,设计师需要用 Adobe Illustrator 进行图形设计,需要用 Photoshop 对相关图像进行抠图、加工,随后这些图形元素需要导入 After Effects 中进行动画合成。不同风格的图形动画往往需要的合成组件差别很大,有的仅仅是扁平化图形元素,还有的则需要将视频、三维图形、文字和平面图形进行分层叠加,还有的需要有真人表演抠像。

2. 前期配音准备

视觉效果并不是图形动画的唯一组成部分,在动画前期的脚本设计中通常会包含画外音,包括旁白、解说、背景音乐和动画音效等。因此,为了保证音画同步和流畅的视听效果,录制的画外音可能就是视频声音的一部分。选择合适的配音师对于完善图形动画的整体效果至关重要。画外音必须吸引目标受众,并且必须与影片的艺术风格一致。例如,旁白或解说的风格应该严肃还是诙谐?是选择年轻女性的娓娓道来,还是老成持重专家的侃侃而谈?应该选择年轻的声音还是成熟的声音?是否要选择背景音乐?因此,在动画脚本的准备阶段,制作团队就应确定好前期配音的人选和音效,这对于动画工作的顺利完成是必不可少的环节。

3.动画制作

动画制作（AE & Motion）阶段是图形动画制作的关键性步骤。图形动画中最常用元素就是"角色"，无论是插画人物、拟人化的图标还是机械的运动，这些角色会将观众带入场景，并通过展开故事来诠释动画的主旨。图形动画制作软件多数是用 Adobe 公司的 After Effects 或者 Animate（Flash）。其他可用的产品包括苹果公司的 Motion。由于主要面向新媒体领域，图形动画较少用 Anime Studio、Toon Harmony（图 4-22）、Maya、ZBrush 和 Moho 等专业动画工具，但也会采用 C4D（图 4-23）、Adobe Dimension、Rough Animator 等软件来增强表现力。

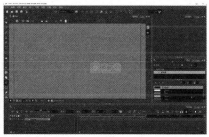

图 4-22　Harmony 界面

图 4-23　Cinema 4D 界面

4.音画同步与音效设计

严格来说，音画同步和音效设计并非是动画完成以后的"锦上添花"，而是几乎与动画制作同步进行的流程。除了录音师对动画声音进行调整和编辑外，音效设计师还需要针对图形动画中角色的行为，如运动、碰撞、摔倒、搏斗等画面添加各种音效。此外，调音师还得对音乐的音量进行调整,以配合动画中语音的速度。如果音乐不够长,则需要复制音乐,如果幸运,音乐会正好添加到动画的末尾结束,但多数情况下,动画师需要对音乐进行剪辑以实现无缝过渡。

当完成图形动画的制作后,制作团队还面临着最后一项任务:发布和推广该产品,这也是整体流程的一部分。在如今碎片化的时代,短视频、H5 等早已成为商业宣传的重要载体,而在明星代言出现审美疲劳的当下,越来越多的广告商也开始把目光投向动画领域。动画营销在助力品牌形象年轻化、精准针对喜爱二次元的年轻群体方面的效果十分突出。因此,对动画产品发布和推广应该有明确的策划方案。例如,通过著名的设计师作品交流网站扩大工作室知名度,吸引客户或者同行的重要渠道。

图形动画的营销与推广还可以通过博客、微博、哔哩哔哩、抖音和微信等社交媒体来进行。特别是动态的或交互式的信息图表或图形动画、GIF 动画等,都是一种信息量大并具有一定观赏性和吸引力的传播媒介。例如,科普系列图形动画《飞碟说》自 2012 年 12 月上线以来,在优酷视频的自媒体主页已经发布了 1 500 多条图形动画,拥有 10.4 亿点击量、粉丝 181 万,由此可见图形动画在新媒体平台下的传播优势。动画发布完成后,制作团队还需要整理作品库 / 素材库 / 资料库。动画制作过程中检索和收集到的图片、模板、角色、音乐、场景、数据和文献等,都是可以反复使用的素材,同时也是动画工作室最重要的无形资产之一。

附录1

早晨

定义：通常是指从天亮到上午 8 ~ 9 点的短暂时间，古代中国一天分为 12 时辰，1 个时辰是现在的 2 个小时，辰时是现在的上午 7 点至 9 点。早晨从天亮开始充满生机，充满活力。中国有句俗语为"一天之计在于晨"。

表现要素：太阳、地平线

设计意图：太阳是表现时间最直接的表现方式，在太阳从地平线升起时阳光很强。

蕴意：生机、有活力

实物	标准制图	无背景	有背景

中午

定义：中午是太阳升的最高的时候，在 24 小时中 12 点是一天中的正点，此时太阳在子午线上。

表现要素：太阳、光线

设计意图：在表现正午时大部分运用太阳或阳光强烈照耀的状态，如在将军崖岩画中绘制的太阳图形就采用了放射性线条来表现强烈的光线。

蕴意：温暖、热烈

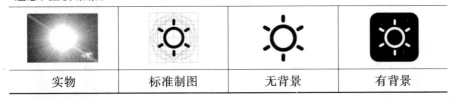

实物	标准制图	无背景	有背景

下午

定义：与上午形成鲜明对比的是中午 12 点到 18 点的时间，一般是指中午 12 点以后的日落时间。

表现要素：太阳、地平线

设计意图：在表现下午时大部分表现为太阳光强度较低，为了区别早晨的图标将太阳与地平线挨得更近一点。

蕴意：凉爽、舒适

实物	标准制图	无背景	有背景

晚上

定义：从太阳落山到黑夜的时间。古时候人们把太阳落山后到第二天太阳升起的夜晚时间分为五等份，为初更、二更、三更、四更、五更。在现代，日常的夜晚是指日落或晚饭至就寝的一段时间。

表现要素：月亮

设计意图：在将军崖岩画中绘制的月亮图形就采用了细长的弯月作为夜晚的象征。

蕴意：冷、安静、凉爽

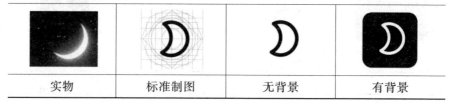

实物	标准制图	无背景	有背景

进食

定义：中国的俗语"民以食为天"，百姓把粮食视为生存的根本，粮食是人最重要的必需品。地域不同，饮食文化也会有所不同，而在中国米饭是最基本的食物代表。

表现要素：米饭、碗

设计意图：中国格律诗中"谁知盘中餐，粒粒皆辛苦"描述了古人的饮食习惯。

蕴意：好吃、干净、健康

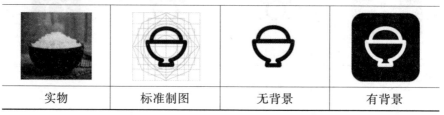

实物	标准制图	无背景	有背景

孕妇

定义：怀孕的妇女，妇女在孕育生命的状态。

表现要素：怀孕的女子

设计意图：隆起的肚子和扶腰的姿态为怀孕的状态特点。

蕴意：女性美、保护、尊重

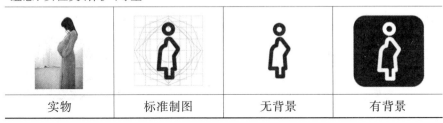

实物	标准制图	无背景	有背景

男性

定义：指雄性人类，与雌性人类（女性）成对比。男性这个名词是用来表示生物学上的性别划分或文化上的性别角色或二者皆有。

表现要素：穿裤子的男性

设计意图：裤子是男性经常穿的衣物，具有保温、防寒等用途，是战国时代发明等产物。

蕴意：男性美、力量感

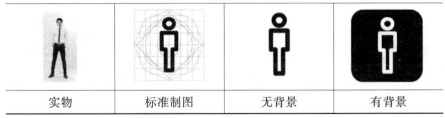

实物	标准制图	无背景	有背景

女性

定义：雌性的人类，与男性，也就是雄性人类成对比。女性这个名词是用来表示生物学上的性别划分，同时亦可指文化范畴中的社会性别。

表现要素：穿裙子的女性

设计意图：裙子是人类最古老的衣服，透气性好、散热性好、活动自由、风格多样，女性穿的较多。

蕴意：女性美、漂亮

实物	标准制图	无背景	有背景

老人

定义：年纪较大的人群。
表现要素：拐杖、老人
设计意图：站在老人的立场考虑，是需要尊重的群体。
蕴意：尊重、关照

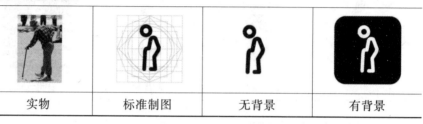

| 实物 | 标准制图 | 无背景 | 有背景 |

吸烟

定义：吸烟是指燃烧香烟等吸入烟雾的行为，即吸烟的行为。吸烟会使香烟中的尼古丁进入肺吸收到体内。
表现要素：点燃的香烟
设计意图：用烟叶为主材料做的吸烟产品，吸烟时，另一端会产生烟雾。
蕴意：注意、禁止、有害

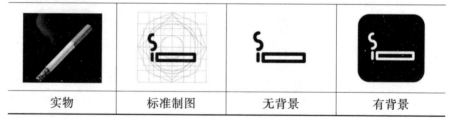

| 实物 | 标准制图 | 无背景 | 有背景 |

酒

定义：本义指用粮食、水果等含淀粉或糖的物质发酵制成的含乙醇的饮料，又可引申为动词，指饮酒。
表现要素：酒瓶
设计意图：玻璃材质的酒瓶是日常生活中常见的酒器，在现代社会中认知度较高。
蕴意：注意、禁止、警告

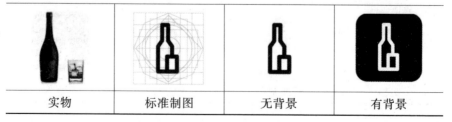

| 实物 | 标准制图 | 无背景 | 有背景 |

乳制品

定义：指的是使用牛乳或羊乳及其加工制品为主要原料，加入或不加入适量的维生素、矿物质及其他辅料，使用法律法规及标准规定所要求的条件，经加工制成的各种食品，也叫奶油制品。

表现要素：牛奶、芝士

设计意图：芝士富含蛋白质、维生素，是用于料理、糕点中最常见的乳制品，盒装牛奶是市场上最常见的牛奶包装。

蕴意：好吃、有营养

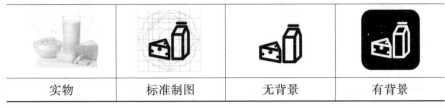

| 实物 | 标准制图 | 无背景 | 有背景 |

驾驶

定义：驾驶一般是指操纵车船或飞机等使行驶。

表现要素：汽车

设计意图：驾驶通常指车辆驾驶，一般情况用车的侧面展示。

蕴意：安全、指示

| 实物 | 标准制图 | 无背景 | 有背景 |

饮水

定义：饮水是生命体通过口腔摄入水分的方式，人体每天通过口腔摄入的液体大约有 2 升。水主要在小肠吸收，进入人体后，水分主要用于补充细胞内液和细胞外液，参与人体各种生理活动，因此，喝水是维持生命体新陈代谢的重要一环。

表现要素：水杯

设计意图：日常生活中最常用的水杯。

蕴意：干净、纯洁

| 实物 | 标准制图 | 无背景 | 有背景 |

冷藏

定义：冷藏是冷却后的食品在冷藏温度（常在冰点以上）下保藏食品的一种保藏方法。它有冰冻方法（icing）、利用不结冰的低温储存方法（cooler storage）和在结冰状态下储存的方法（freezer storage）。

表现要素：冰箱

设计意图：冰箱是为冷藏和冷冻而开发的电器产品，冷藏保管的药品全部放在冰箱里保管。

蕴意：注意、寒冷

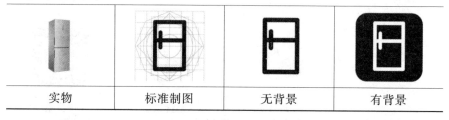

实物	标准制图	无背景	有背景

饮茶

定义：饮茶是一种起源于中国的由茶树植物叶或芽制作的饮品。也泛指可用于饮茶的常绿灌木茶树的叶子，以及用这些叶子泡制的饮料，后来引申为所有用植物花、叶、种子、根泡制的草本茶，如"铁观音"等。

表现要素：紫砂壶

设计意图：紫砂壶是最具代表性的茶具，紫砂壶泡茶方便，工艺性强，是中国传统茶具。

蕴意：保温、有茶香、暖和

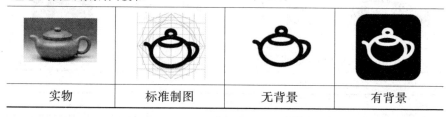

实物	标准制图	无背景	有背景

避光保管

定义：太阳光，广义的定义是来自太阳所有频谱的电磁辐射。在地球，阳光显而易见是当太阳在地平线之上，经过地球大气层过滤照射到地球表面的太阳辐射，则称为日光。

表现要素：遮阳伞、太阳

设计意图：太阳光的紫外线辐射较强，日常生活中为了避免阳光直晒，常用遮阳伞作为避光的主要方式。

蕴意：指示、安全

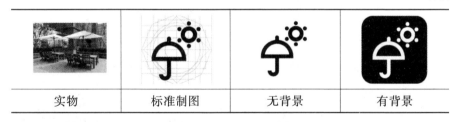

| 实物 | 标准制图 | 无背景 | 有背景 |

说明书

定义：记录商品说明等详细信息等文件，如药品使用说明书。
表现要素：药片、说明书
设计意图：在说明书旁边放粒药片，以表示是药品说明书。
蕴意：保护、安全、指示

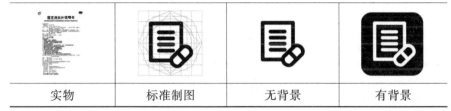

| 实物 | 标准制图 | 无背景 | 有背景 |

辛辣食物

定义：辛辣食物是指尖锐而强烈的刺激性食物，这些食物包括葱、大蒜、韭菜、生姜、酒、辣椒、青椒、胡椒、桂皮、八角、茴香等。
表现要素：辣椒
设计意图：辣椒是辛辣食物中最具代表性的蔬菜。虽然有杀菌、防腐、调料、营养、御寒等功能，但吃多了会对健康有害。因为辣椒素会过度刺激胃肠黏膜，引起胃痛、腹痛、腹泻，肛门被烧伤，诱发胃肠疾病，引发痔疮出血。因此，患有食管炎、胃肠炎、胃溃疡、痔疮等疾病的人，都应不吃或少吃辣椒。
蕴意：指示、火辣、发热

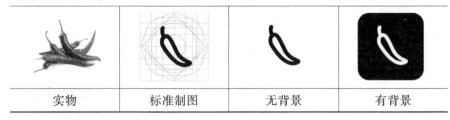

| 实物 | 标准制图 | 无背景 | 有背景 |

生冷食物			

定义：生冷食物是指生的食物，即未经过烹饪处理的，比较凉的食物，在中医中称为寒性食物。其包括瓜果蔬菜、水产肉禽等，适合燥热人群食用。

表现要素：冰激凌

设计意图：冰激凌是日常生活中常见等凉性食品，在形态上有很高等识别度。

蕴意：注意、凉爽、冰冷

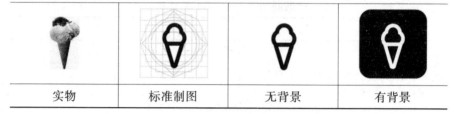

实物	标准制图	无背景	有背景

船舶			

定义：船舶是能航行或停泊于水域进行运输或作业的交通工具，按不同的使用要求而具有不同的技术性能、装备和结构。

表现要素：帆船

设计意图：利用风力前进的船，是继舟、筏之后的一种古老的水上交通工具，已有5 000多年的历史，独特的形态更容易识别。

蕴意：指示、危险

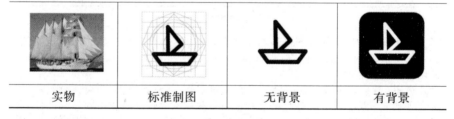

实物	标准制图	无背景	有背景

机器操作			

定义：指生产过程中的基本工序完全由机器或机器体系代替人力进行的生产方式。例如，利用现代动力带动机床、压力机、鼓风机、造型机等机械进行生产。

表现要素：齿轮

设计意图：齿轮是现代化工业中常用等机械工具，极具代表性。

蕴意：指示、危险

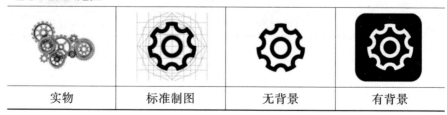

实物	标准制图	无背景	有背景

药品

定义：是指用于预防、治疗、诊断人的疾病，有目的地调节人的生理机能并规定有适应症或者功能主治、用法和用量的物质，包括中药、化学药和生物制品等。

表现要素：胶囊、药片、丸药、冲剂、糖浆

设计意图：根据药品代表性的形态进行绘制。

蕴意：指示、安全、保护

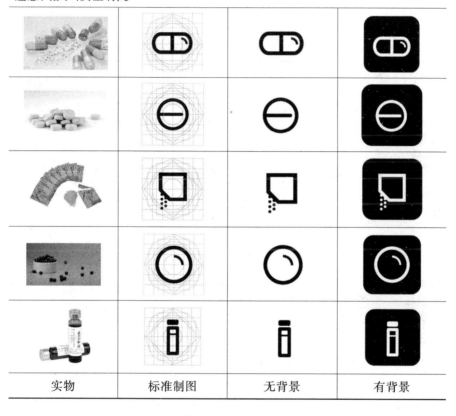

实物	标准制图	无背景	有背景

附录 2

西药的服药指导象形图的模块化表现方式

1-1	用法 / 用量 / 次数			注意 / 禁止事项			适用对象
	口服	1次1粒	1日2次	避光保存	禁止饮酒	不要和其他药一起吃	孕妇不要吃
复方氨酚烷胺胶囊（快克）	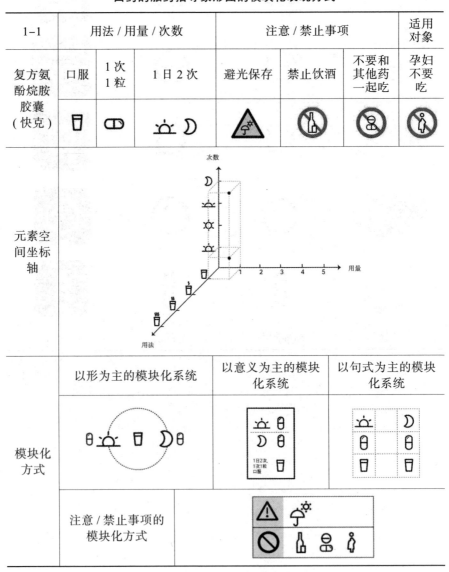						

元素空间坐标轴	

模块化方式	以形为主的模块化系统	以意义为主的模块化系统	以句式为主的模块化系统
		1日2次，1次1粒 口服	
注意 / 禁止事项的模块化方式			

1-2	用法 / 用量 / 次数			注意 / 禁止事项			适用对象
复方氨酚烷胺胶囊（仁和可立克）	口服	1次1粒	1日2次	避光保存	禁止饮酒	驾驶车辆或操作危险机器时请注意	孕妇不要吃
元素空间坐标轴							
	以形为主的模块化系统		以意义为主的模块化系统		以句式为主的模块化系统		
模块化方式							
注意 / 禁止事项的模块化方式							

1-3	用法 / 用量 / 次数			注意 / 禁止事项				适用对象
酚麻美敏片（泰诺）	口服	1次2粒	1日4次	避光保存	禁止饮酒	不要和其他药一起吃	驾驶车辆或操作危险机器时请注意	孕妇不要吃

元素空间坐标轴	

模块化方式	以形为主的模块化系统	以意义为主的模块化系统	以句式为主的模块化系统
	注意 / 禁止事项的模块化方式		

1–4	用法 / 用量 / 次数			注意 / 禁止事项				适用对象
氨麻美敏片（新康泰克）	口服	1 次 2 粒	1 日 4 次	避光保存	禁止饮酒	不要和其他药一起吃	驾驶车辆或操作危险机器时请注意	孕妇不要吃
	（图标）	（图标）	（图标）	（图标）	（图标）	（图标）	（图标）	（图标）

元素空间坐标轴	

模块化方式	以形为主的模块化系统	以意义为主的模块化系统	以句式为主的模块化系统
	注意 / 禁止事项的模块化方式		

1-5	用法 / 用量 / 次数			注意 / 禁止事项			适用对象
氨酚伪麻美芬片（白加黑）	口服	1次2粒	1日3次	避光保存	不要和其他药一起吃	驾驶车辆或操作危险机器时请注意	孕妇不要吃

元素空间坐标轴

模块化方式	以形为主的模块化系统	以意义为主的模块化系统	以句式为主的模块化系统
		1日3次1次2粒口服	
	注意 / 禁止事项的模块化方式		

中药的服药指导象形图的模块化表现方式

2-1	用法 / 用量 / 次数			注意 / 禁止事项			适用对象
感冒灵颗粒 (999)	开水冲服	1次1袋	1日3次	避光保存	禁止吸烟、饮酒、生冷、辛辣食物	驾驶车辆或操作危险机器时请注意	孕妇不要吃
元素空间坐标轴							
模块化方式	以形为主的模块化系统 	以意义为主的模块化系统 	以句式为主的模块化系统 				
	注意 / 禁止事项的模块化方式						

2-2	用法 / 用量 / 次数			注意 / 禁止事项		适用对象
连花清瘟胶囊（以岭）	口服	1次4粒	1日3次	避光保存	禁止吸烟、饮酒、生冷、辛辣食物	孕妇不要吃
元素空间坐标轴						
模块化方式	以形为主的模块化系统		以意义为主的模块化系统		以句式为主的模块化系统	
	注意 / 禁止事项的模块化方式					

2-3	用法 / 用量 / 次数			注意 / 禁止事项			适用对象
	开水冲服	1 次 1 袋	1 日 3 次	避光保存	禁止吸烟、饮酒、生冷、辛辣食物	驾驶车辆或操作危险机器时请注意	孕妇不要吃
复方感冒灵颗粒 (999)			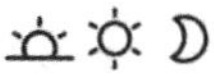				

元素空间坐标轴

以形为主的模块化系统	以意义为主的模块化系统	以句式为主的模块化系统
模块化方式		

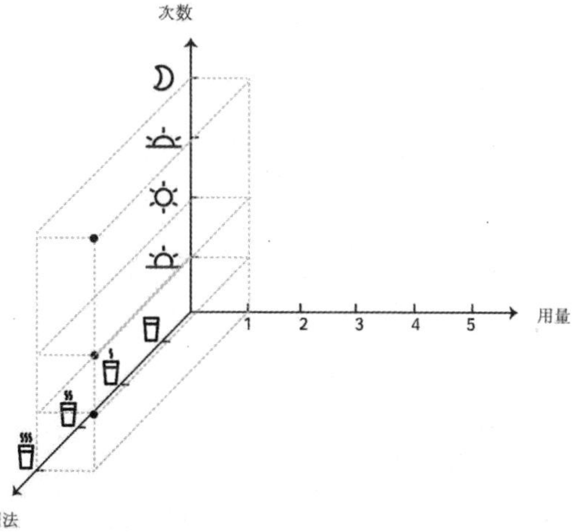

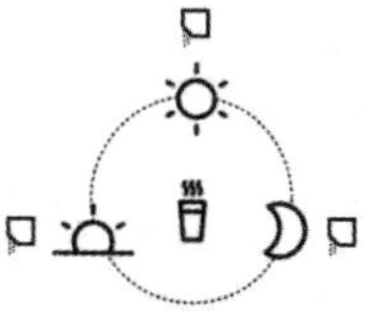

1日3次
1次1袋
开水冲服

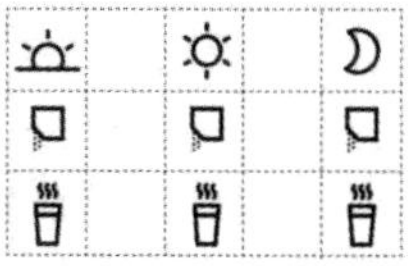

注意 / 禁止事项的模块化方式

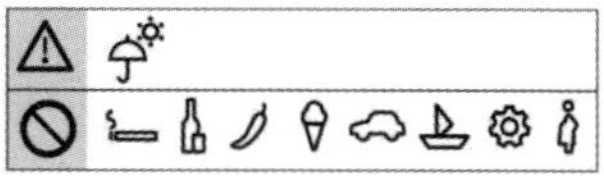

2-4	用法 / 用量 / 次数			注意 / 禁止事项		适用对象
桑菊感冒颗粒（本草纲目）	开水冲服	1次2包	1日3次	避光保存	禁止吸烟、饮酒、生冷、辛辣食物	孕妇不要吃

元素空间坐标轴

模块化方式	以形为主的模块化系统	以意义为主的模块化系统	以句式为主的模块化系统
	注意 / 禁止事项的模块化方式		

2-5	用法 / 用量 / 次数			注意 / 禁止事项			适用对象
维 C 银翘片（百雀羚）	口服	1 次 2 颗	1 日 3 次	避光保存	禁止吸烟、饮酒、生冷、辛辣食物	驾驶车辆或操作危险机器时请注意	孕妇不要吃
元素空间坐标轴							
模块化方式	以形为主的模块化系统	以意义为主的模块化系统	以句式为主的模块化系统				
	注意 / 禁止事项的模块化方式						

参考文献

[1] 赵荣英．信息计量分析工具理论与实践［M］．武汉：武汉大学出版社,2017.

[2] 张毅,王立峰,孙蕾．高等院校艺术设计专业丛书 信息可视化设计［M］．重庆：重庆大学出版社,2017.

[3] 周宁,张宇峰,张李义．信息可视化与知识检索［M］．北京：科学出版社,2005.

[4] 周苏,王文等．大数据及其可视化［M］．北京：中国铁道出版社,2016.

[5] 李四达．高等学校数字媒体专业规划教材 信息可视化设计概论［M］．北京：清华大学出版社,2021.

[6] 孙允午．统计学数据的搜集、整理和分析［M］.3 版．上海：上海财经大学出版社,2013.

[7] 杨尚森,许桂秋．大数据可视化技术［M］．杭州：浙江科学技术出版社,2020.

[8] 李荣山、吴新文等．现代信息传播［M］．武汉：湖北人民出版社,2004.

[9] 陈兰杰,崔国芳,李继存．数字信息检索与数据分析［M］．保定：河北大学出版社,2016.

[10] 倪波,霍丹．信息传播原理［M］．北京：书目文献出版社,1996.

[11] 冯健伟．信息的传播与应用［M］．北京：新华出版社,1987.

[12] 聂轰．信息时代［M］．长春：吉林人民出版社,2020.

[13] 高洁、李琳.信息传播学［M］.哈尔滨:哈尔滨工程大学出版社,1997.

[14] 胡森.信息可视化与城市形象系统设计［M］.长春:吉林摄影出版社,2019.

[15] 廖宏勇.新媒体信息架构设计［M］.西安:西安交通大学出版社,2017.

[16] 陈冉,李方舟.信息可视化设计［M］.杭州:中国美术学院出版社,2019.

[17] 欧格雷迪.信息设计［M］.郭瑢,译.南京:译林出版社,2009.

[18] 马费城,宋恩梅,赵一鸣.信息管理学基础［M］.3版.武汉:武汉大学出版社,2002.

[19] 孙湘明.信息设计［M］.北京:中国轻工业出版社,2013.

[20] 李有生.视觉设计思维与造物［M］.长春:吉林文史出版社,2017.

[21] 郭晓霞.视觉设计［M］.天津:南开大学出版社,2014.

[22] 冯月季.传播符号学教程［M］.重庆:重庆大学出版社,2017.

[23] 黄华新,陈宗明.符号学导论［M］.上海:东方出版中心,2016.

[24] 张良林.传达、意指与符号学视野［M］.北京:光明日报出版社,2020..

[25] 黄琦,毕志卫.交互设计［M］杭州:浙江大学出版社,2012.

[26] 刘晖.信息可视化设计［M］.沈阳:辽宁美术出版社,2014.

[27] 曼纽尔·利马.树之礼赞:信息可视化方法与案例解析［M］.宫鑫,王燕珍,王娜,译.北京:机械工业出版社,2015.

[28] 郭醒乙.音乐动画和多媒体交互设计［M］.北京:线装书局出版社,2013.

[29] 西蒙·贝尔.景观的视觉设计要素［M］.王文彤,译.北京:中国建筑工业出版社,2004.

[30] 迈克尔·萨蒙德,加文·安布罗斯.国际交互设计基础教程［M］.杨茂林,译.北京:中国青年出版社,2013.

[31] 廖宏勇.信息设计［M］.北京:北京大学出版社,2017.

[32] 乔尔·卡茨.信息设计之美［M］.北京:人民邮电出版社,2019.

[33] 李金涛 . 信息可视化设计［M］北京：人民邮电出版社,2016.

[34] 崔宪浩 . 根据图标形态和背景色进行的导航界面的提案设计和评价［D］. 首尔：成均馆大学, 2013.

[35] 郑孝珍 . 以信息的高效传达为目的的各类型 APP 图标设计分析研究：以苹果 APP Store 为中心［D］. 首尔：梨花女子大学,2011.

[36] 李贤珍 . 以活动性成人的有效交流为目的的智能手机图标设计分析［D］. 首尔：世宗大学,2014.

[37] 吴秉根,姜成俊 . 信息设计教科书 [M].Seoul:Ahn Graphics, 2008.

[38] 赵妍,中国传统思维的借喻手法在图形设计中的创新应用 [D]. 清华大学,2013.

[39] 黄月,药品包装的信息可视化设计方法研究,西南交通大学硕士论文 ,2018.